青春，
就是用来奋斗的

youth with no regrets

陈倩 著

中国财富出版社

图书在版编目(CIP)数据

青春,就是用来奋斗的 / 陈倩著.—北京:中国财富出版社,2017.9

ISBN 978-7-5047-6596-3

Ⅰ.①青… Ⅱ.①陈… Ⅲ.①人生哲学-通俗读物 Ⅳ.①B821-49

中国版本图书馆CIP数据核字(2017)第239873号

策划编辑	刘瑞彩	责任编辑	刘瑞彩		
责任印制	方朋远 梁 凡	责任校对	孙丽丽	责任发行	张红燕

出版发行	中国财富出版社
社　　址	北京市丰台区南四环西路188号5区20楼　邮政编码　100070
电　　话	010-52227588转2048/2028(发行部)　010-52227588转307(总编室) 010-68589540(读者服务部)　　　　　　010-52227588转305(质检部)
网　　址	http://www.cfpress.com.cn
经　　销	新华书店
印　　刷	北京柯蓝博泰印务有限公司
书　　号	ISBN 978-7-5047-6596-3/B·0529
开　　本	710mm×1000mm　1/16	版　次	2018年3月第1版
印　　张	15	印　次	2018年3月第1次印刷
字　　数	215千字	定　价	38.00元

版权所有·侵权必究·印装差错·负责调换

前言 PREFACE

人生之路，有坦途也有陡坡，有平川也有险滩，有直道也有弯路。青年会面临很多选择，关键是要以正确的世界观、人生观、价值观来指导自己的选择。

无数人成功的事实表明，青年时期，选择吃苦就选择了收获，选择奉献就选择了高尚。青年时期多经历一点摔打、挫折、考验，有利于走好一生的路。要历练宠辱不惊的心理素质，坚定百折不挠的进取意志，保持乐观向上的精神状态，变挫折为动力，用从挫折中吸取的教训，启迪人生，实现超越。

1

长久以来，我们不停地奋斗、征战，却很少有人思考过"这一切是为了什么"。没有一句发自我们内心的追问：我们究竟为什么奋斗？

我们的每一次奋斗都是人生中的一次短途旅行。从一开始，我们就设立了起点和终点。在这一旅途中我们放弃了很多，也失去了很多，甚至走向了麻木，走向了绝望。大多数人的奋斗动力源于内心的欲望，为了满足欲望不断地努力。

2

奋斗是每个人必然要经历的过程，但正确看待奋斗更加重要。奋斗是我们选择的一种生活方式，是一种向上的生活态度。当奋斗的结果不尽如人意时，我们依然要保持快乐积极的心态，因为我们奋斗是为了成功，但又不仅限于此。奋斗不是等价交换，而是我们的人生态度。

随着时代的发展，有些人变得越来越功利。想不劳而获、一夜暴富的人比比皆是，那些付出奋斗只为追求成功的人更是数不胜数。虽然追求成功的奋斗无可厚非，但是欲速则不达，太过执着于结果往往会事倍功半。当努力奋斗而没有结果或者结果不尽如人意时，我们往往会产生负面消极的情绪。

有的人在稍有奋斗而没有得到想要的结果时就认为奋斗改变不了命运，他意识不到是自己的奋斗不够，却因此放弃了梦想，不再追求；有的人努力奋斗了很久，也有不错的收获，可是他不满足，认为自己的奋斗没有得到应有的回报，内心开始抱怨。不是等价交换的时候他就认为是自己吃亏，没有了奋斗的积极性；也有的人通过自己的努力奋斗达到了自己预想的成功，从此而满足现状，斗志日减，渐渐消沉。这些都是因为没有从观念和心态上正确地看待奋斗。

我们享受的是奋斗的过程和拼搏的经历，而非结果。

3

"现在，青春是用来奋斗的；未来，青春是用来回忆的！"——只有这样正确地看待奋斗，我们的青春，才能够领略奋斗的魅力和真谛！

本书中阐明的道理、记录的案例用最直白的话语告诉读者，我们究竟为什么而奋斗？我们为什么要奋斗？我们应该如何让自己的青春渲染出美丽的色彩……亲爱的，不要再把奋斗看作等价交换，让自己爱上奋斗的过程吧，只有那样，我们才能拥有更多的机会，给别人创造更多的机会，只要我们坚持奋斗，时刻向前，我们就能自豪地喊出："我为创造机会而奋斗！"

那么，今日，为了让我们重拾奋斗的激情，翻开本书，给自己一个奋斗的青春吧！

第一章　我们为什么要奋斗　　　　　　　　　　　　／001

　　一个人努力与否和他的现状无关。无论是贫穷、富有，还是年长、年幼都决定不了一个人是否需要奋斗，奋斗不是为了超越别人，而是为了战胜过去、超越自己。奋斗的意义也不在于获得多大的成就，而在于拥有崭新的自己。

　　1.尊严，来自不懈的奋斗　　　　　　　　　　　　／002
　　2.奋斗，寻找更好的自己　　　　　　　　　　　　／004
　　3.弱者等待时机，强者用奋斗创造时机　　　　　　／006
　　4.为幸福持久而奋斗　　　　　　　　　　　　　　／009
　　5.人类的奇迹，来自旷日持久的奋斗　　　　　　　／012
　　6.让生命回归灵魂的原点　　　　　　　　　　　　／016

第二章　奋斗者，你没有理由不相信自己　　　　　／019

　　奋斗者，需要自信，它是一种督促人不断向上的力量。自信比什么都重要。为什么我们要相信自己？因为在这世上，每个人都是独一无二的。

　　1.懂得从容，方能尊荣　　　　　　　　　　　　　／020
　　2.战胜自己，就是最大的胜利　　　　　　　　　　／022
　　3.要为别人喝彩，但也别忘记把掌声给自己　　　　／025
　　4.跨越羞怯，在讥笑中拾得自信　　　　　　　　　／029
　　5.自卑补偿法：做你害怕的事　　　　　　　　　　／031
　　6.激发潜能，唤醒真正的自己　　　　　　　　　　／034

第三章　边奋斗边学习，拓展生命的广度　　　／039

年轻人要想成就一番事业，就需要资本。你是否想过，自己的资本是什么？实际上，资本就在你周围，就是年轻、努力、奋斗和不断学习，随时提升自己。

1. 学识，是生命永恒的资本　　　／040
2. 向实践学习，读好"无字之书"　　　／043
3. 培养一项专长，做一个领域的专家　　　／046
4. 别不把细节当回事　　　／049
5. 没有唯一的选择，只有适合你的选择　　　／052
6. 想要平步青云，先要脚踏实地　　　／055

第四章　青春之路越走越窄，人生之路越奋斗越宽　　　／059

也许，身处逆境之时你会倍感痛苦与无奈，但当你走过困苦之后，你会更加深刻地明白，正是那份挫折给了你人格上的成熟和伟岸，给了你面对一切无所畏惧的胆魄，以及与这种胆魄紧密相连的面对苦难的心态。

1. 怕苦会苦一辈子，不怕苦只会苦一阵子　　　／060
2. 挑战困难，逆境是给奋斗者的恩赐　　　／062
3. 避免失败，比追求成功更重要　　　／066
4. 奋斗的青春，就是为了梦想　　　／070
5. 一次行动，抵得上百遍空想　　　／074

第五章　为什么我们努力奋斗，却远离成功　　/ 079

你的努力有时候是错误的、没有意义的。如果你执迷不悟，非要坚持下去，就真的是浪费时间。而且，处理问题不灵活，墨守成规，也是做事没有成效的重要原因之一。

　　1.起步之初，就要明确地找准路　　/ 080
　　2.有正确的方向，还需要灵巧的方法　　/ 083
　　3.敬业乐业，还要学会精业　　/ 086
　　4.尊重你的天赋，摆正自己的位置　　/ 091
　　5.并不是所有的坚持都值得称颂　　/ 094
　　6.别太拿自己当回事　　/ 096
　　7.发现"不行"你就得变　　/ 099

第六章　青春经不起等待，用有限的生命去奋斗　　/ 103

在这个世界上，你真正拥有而且极度需要的只有时间，时间在生命中是如此重要，而许多人却日复一日花费大量的时间去做无聊的事。

　　1.有多少青春可以挥霍　　/ 104
　　2.为生命做一份时间表　　/ 107
　　3.戒了吧，拖延症　　/ 111
　　4.懒惰的人注定一事无成　　/ 115
　　5.排除工作中的干扰　　/ 118
　　6.世界那么大，为何不闯荡　　/ 121
　　7.放弃路上的琐碎，拥抱更广阔的天空　　/ 123

第七章　奋斗的路上，常怀感恩之心　　/ 127

感恩是做人的道德，是处世哲学，是生活中的大智慧；感恩是人类的美好感情，是人的高贵之所在。奋斗的路上，人人都应当常怀感恩之心。

1. 家是起点，也是归宿　　/ 128
2. 原谅可容之言，饶恕可容之事　　/ 130
3. 对不喜欢你的人，也要微笑　　/ 134
4. 恰当的批评，如大海上的航标　　/ 137
5. 一次失败的爱情，就是一次成长的机会　　/ 142
6. 德商决定你的一切　　/ 145
7. 不忘反思，以责人之心责己　　/ 148

第八章　克服人性弱点，越奋斗越成熟　　/ 153

要想在这个高效运转的社会保护自己，获得发展，取得成功，过得幸福……那么，必要时我们要懂点人心、知点人情，克服一些人性的弱点，奋斗的你，可以不成功，但不能不成熟。

1. 和他人保持适度的距离　　/ 154
2. 护着那个谁都要的面子　　/ 159
3. 请把话说得更动听一点　　/ 162
4. 直道好跑马，曲径可通幽　　/ 166
5. 主动去道个歉　　/ 170
6. 降低标准，做个低调的强者　　/ 173
7. 少对人说绝话，多给人留余地　　/ 177

第九章　奋斗，从职业到事业，从生活到生命　　/ 181

为自己制订一个科学的职业生涯规划，让自己每天做的事情和自己的美好愿望形成一个科学的、紧密的连接。让我们选择的职业可以成为毕生的事业，让我们从为生活工作，转向为生命而奋斗。

1. 设计职业，选择重于努力　　/ 182
2. 放眼未来，适合自己的专业才是最好的　　/ 185
3. 深造，给自己插上不间断的电源　　/ 189
4. 认真做好篱笆下的一根桩　　/ 193
5. 奋斗的人生，需要有忠诚的精神　　/ 197
6. 做好准备来创业吧　　/ 200
7. 谨慎寻找合作伙伴　　/ 203

第十章　不忘初心，奋斗方得始终　　/ 207

即使是环境的制约，只要你勇于将眼界拓宽，到更广阔的空间里去，外在的制约也会消失。奋斗的路上，请不时回头看看自己的初心！

1. 越简单越高效　　/ 208
2. 没有必要羡慕别人的生活　　/ 211
3. 现在很寂寞，未来很美好　　/ 214
4. 时刻保持初学者的心态　　/ 217
5. 请还心灵以本色　　/ 220
6. 这个世界没有残酷，它只是不偏袒你　　/ 224

第一章

我们为什么要奋斗

奋斗，让你拥有一个崭新的自己。

在自然界，温顺的斑马要努力奔跑才能够让自己免除被吃掉的危险，而凶猛的老虎也要努力奔跑才能够增加自己获得食物的机会。在社会中，贫穷的人要努力奋斗才能够摆脱贫穷，富有的人也要努力奋斗才能够拥有更大的成就。

一个人努力与否和他的现状无关。无论是贫穷、富有，还是年长、年幼都决定不了一个人是否需要奋斗，奋斗不是为了超越别人，而是为了战胜过去、超越自己。奋斗的意义也不在于获得多大的成就，而在于拥有崭新的自己。

当一个人陷入懈怠、懒惰时，就要开始奋斗，奋斗让我们时刻清醒、勤奋，奋斗是我们改掉陋习的不二法则；当一个人对失败产生恐惧时，需要开始奋斗，奋斗让我们充满激情、勇气，奋斗是我们充实内心的必要法门；当一个人满足现状、沾沾自喜时，就需要开始奋斗，奋斗让我们拒绝诱惑，奋斗是我们升华灵魂的独门绝技。

一个人在人生的路上无论取得什么样的成就，得到什么样的满足，都不应该停下来，只要我们一息尚存，奋斗的号角就永远嘹亮。

1. 尊严，来自不懈的奋斗

尊严是生命诞生之初便随之而来的人生感悟，尊严是人类永远无法被剥夺的权利与信念。这种与生命相融合的东西是无法用金钱、权势、地位换取的。尊严是人类生命最重要的组成部分。

太多人忘记了尊严的可贵，忘记了尊严的作用，从而选择了一种失去尊严后不完整的人生。这种人生虽然表面光鲜，其实比失去生命还要痛苦。没有尊严的支撑会变成行尸走肉，没有尊严的支撑就会失去活下去的信念。当今社会的物质至上、金钱崇拜现象对人们的价值观形成了很大的冲击，但无论如何一定要坚持自我，不能放弃自己的尊严，哪怕再富有也不践踏别人的尊严，才能赢得别人的尊重。

尊严不是虚假的自尊，不是高调的势头，而是一种高贵的生活态度，一种心理修养，想要有尊严地活着我们需要不断地奋斗。

美国的移民问题已经困扰了几代人，而这一问题让太多人忘记了尊严究竟为何物。22岁的伊里亚斯饱尝了失去尊严的痛苦人生后，开始用自己的奋斗去换取有尊严的移民运动。伊里亚斯的父母都生于墨西哥，父亲在17岁的时候移民到美国。母亲在16岁的时候就渴望移民至美国从而获得美好的生活。可是父母移民到美国的代价却是失去原有的工作和社会地位。来到美国后，他父亲依靠捡草莓为生，辛苦的工作在"移民者"的标签下变得毫无意义，母亲甚至因为"移民者"的身份找不到一份最廉价的工作。在如此环境下出生的伊里亚斯从小内心就充满了自卑和恐惧，他害怕走出家门。以这种"移民者"的身份在美国生活，使得幼小的他在心中多了一种无名的恐惧。

一名叫古蒂的神父带领伊里亚斯一起研究复杂的移民问题。他们要打破"边界两端的人互相看着，却不理解对方，不知道对方的境遇，互相排挤"的现状，他们开始改变更多人，开始扭转美国移民无尊严的现象，甚至把移民当作社会发展的核心之一来看待。从此他们开始慢慢地改变"移民者"之前的生活局面。

伊里亚斯为帮助更多移民者重获尊严而奋斗着，他开始让更多人学会有尊严的生存下去。因此，伊里亚斯和古蒂神父已经成为美国多数移民者心目中的英雄，他们也无愧于"为人类尊严而奋斗的人"的称号。

伊里亚斯让我们明白了一个道理：为尊严而战并非只为自己，更要为他人的尊严去拼尽全力，让别人有尊严我们才能受到尊重。

奋斗是我们一生不能间断的事情。奋斗创造好的生活，奋斗让我们承担责任，奋斗让我们实现理想，奋斗让我们走向成功，因为奋斗人们懂得了尊严的可贵。

也许社会让人们丧失了很多美好的东西，有些人在利欲面前主动丢掉了自己的尊严，开始学会虚伪、虚假，不知奋斗为何物，不知尊严在何处。当生活感到困惑时，就应该警觉并正视自己，自我反省，是否尊严已经被腐蚀，是否面对了太多的敷衍，没有了一丝的尊重。

维护尊严是人的本能，是赖以生存的基本要求。

"只有坚持人的尊严，才能有力地抑制人的欲望。"可见尊严是人的一种情感需要，是做人的根本，是人类奋斗的原动力。

其实在中国华夏五千年的历史文明中，尊严已经展示了它应有的风采。因为有尊严，陶渊明才能有"不为五斗米折腰"的气概，才能成就历史典范；李白才能有"安能摧眉折腰事权贵，使我不得开心颜"的千古佳句。

尊严的维护，需要知识；尊严的维护，需要知耻；尊严的维护，需要骨气；尊严的维护，更需要奋斗。

一个有尊严的人才能拥有"腹有诗书气自华"的自信，才能拥有"我自横刀向天笑"的洒脱。

如果，你还在为失去尊严的生活而疲于奔命，那么请停下自己的脚步，停下来看看自己的世界，看一看外面的世界，看看你所追求的一切是不是全部建立在尊严之上，看看你追求的一切是不是也是为了重获尊严？如果不是，那么请更正自己的奋斗方式。

2. 奋斗，寻找更好的自己

"昨天所有的荣誉，已变成遥远的回忆。"昨天已成为过去，永远回不来的过去，无论你曾成功还是失败，辉煌还是落魄，都对今天的你没有影响；未来，才是我们追寻的目标。

在这物欲横流、金钱至上的社会，人们难免会遗失最真实的自己。只有那些在人生路上迷失了的人们才会放弃自己的未来，他们有的因为曾经的失败不敢前行，有的因为曾经的成就而不想前行。他们因为昨天而放弃明天，永远活在过去，不知道未来才应是追寻的目标。只有告别过去，拥抱未来，我们才会活得更加有意义。再美好的曾经都已变成回忆，而前方未知的神秘才更有吸引力。过去对于我们而言只是经验，这些经验能够帮助我们寻找更好的自己。

有一档节目叫发明梦工厂。节目中采访的都是一些草根发明家，他们通过自己的努力发明创造了众多实用的机械，如一些山地越野车、自动烙饼机器、水上自行车等。当记者问到这些人创造动力的来源时，没有一个人回答是为了金钱，无论这些人家庭条件如何，无论他们相距多么遥远，他们的答案都惊人地相似："我希望我们的发明为更多的人带来生活的改变"。

如此淳朴的一句话成了这些伟大发明家奋斗的理由，也使得他们无论经历多少次失败都不会放弃。他们因发明过程中的努力付出而感到幸福，更因自己的发明会为他人生活带来改变而感到满足。

一个人只有做到无论处于什么样的境况都丝毫不动摇对真理的执着才能够算得上勇敢；一个人只有做到无论陷于什么样的诽谤都能够坦然面对才能够算得上豁达；一个人只有做到无论遇到什么样的挫折都能够坚信未来的美好才能够算得上乐观。达成这些目标的途径是需要奋斗的。

圣母院大学公开课的视频中出现了这样一位小姑娘，她不仅可爱漂亮，而且是一位游泳健将。小姑娘水中的动作犹如一条灵活的梭鱼，是那么流畅与敏捷。当我们感叹于她小小年纪却有如此的成就之时，小姑娘却道出了自己的真实情况——盲人。

相信很多人都会为之诧异，为何一位连路都看不到的孩子可以学会游泳，并超越正常人的速度。

在一片黑暗之中她是如何认准方向，坚定、勇敢地向着目标奋进的呢？

小姑娘在短片中讲述自己的眼疾时表现得十分冷静，未曾有一丝不快。在话语中我们可以感受到，这样一个弱小的孩子不甘于做一名生活在黑暗处的残疾人，无畏于人生强压于她的灾难。在她的心中自己与正常人没有任何不同，而且她坚信自己可以比正常人做得更好。

在小姑娘身边，还存在一批勇于超越现状、坚持走向颠覆的强者，他们正是圣母大学的学生。这些人为了改变盲人无法正常游泳的现状，发明了盲人游泳辅助系统，发明了盲人专用游泳场地，在他们的帮助下，更多的盲人可以拥有更美好的生活。

3. 弱者等待时机，强者用奋斗创造时机

机会只会青睐有准备的人。不可否认，机会是打开成功大门的钥匙。但是我们必须清晰地认识到，只有去努力、去奋斗，机会才会垂青你。机会，是靠奋斗争夺来的。机会的存在是偶遇的，我们无法预知它会在何时何地出现，机会的存在不会因为个人的需要而等待，它稍纵即逝。

弱者等待时机，强者用奋斗创造时机。成功不是机会的结果，它是靠努力奋斗争取来的，成功的道路上荆棘丛生，我们会在行进的道路中遇到各种挫折和失败，而奋斗就是你披荆斩棘的利刃，机遇是你通往成功的罗马大道，成功是你脚踏实地辛勤的成果。

放眼世界，每一个成功者都是用汗水浸泡出来的。没有哪个幸运儿从一出生开始就被命运眷顾，不努力不奋斗就能采撷胜利的果实。

机会不会主动叩响命运的大门，必须不断努力地朝着既定的目标前进，让自身的光芒不断地去吸引别人的目光，让人认识赏识，机遇才会出现并且能够牢牢地被抓住。也许你还在迷茫自己的选择，不知道漫长的道路哪里才是尽头，也许挣扎在失败的泥潭，心灰意懒，对自己失去信心。但是那些真真切切所感受，实实在在所体会的一定会留在心里。

别涅迪克博士是法国一家化学研究所的高级研究员。有一次做实验时，他准备将一种溶液倒入烧瓶，"咣当"一声烧瓶落在了地上，时间已经很紧迫了，一想到还得费时间打扫玻璃碎片，别涅迪克博士感到很懊恼。但是当他看向烧瓶，才惊讶地发现烧瓶并没有破碎，于是他弯下腰捡起烧瓶仔细观察，发现这只烧瓶和其他烧瓶一样普通，但是从那么高的工作台掉在地上仅有几道裂痕，却没有摔破，这是为什么呢？别涅迪克博士一时找不到答案，但是他并没有就此放弃，他为这个瓶子做了一个标签然后保存起来了。

这件事发生后不久，别涅迪克博士在无意之间看到了一则新闻，他看到一张报纸上报道市内有两辆客车正面相撞，车上多位乘客被飞散的玻璃碴划伤，甚至其中一辆车的司机被一块碎玻璃刺穿面部而进入口腔。看到这么悲惨的报道，别涅迪克博士脑海中突然想到了那只裂而不碎的烧瓶。他走进实验室拿过那只烧瓶，仔细地观察，他发现那只烧瓶的瓶壁原来有一层薄薄的透明膜保护了烧瓶。别涅迪克博士用刀片小心地取下这种物质然后对其进行化验，经过化验表明，一种叫硝酸纤维素的化学溶液是这层膜的主要成分，那层薄薄的膜就是这种溶液蒸发后残留下来，遇空气后产生了反应，从而牢牢粘贴在瓶壁上起到保护作用。然而这种产物又是无色透明的所以没有被及时发现。"如果可以把保护烧瓶的溶液运用到汽车玻璃中,那么以后即便有交通事故发生,乘客的生命安全将会受到很好的保护,安全系数大大增加了。"别涅迪克博士的这一想法付诸实践之后,世界因为他得到了改变,他也因此荣登了20世纪法国科学界突出贡献奖的榜首。一双善于发现的眼睛,一颗勇于探索的内心就是机遇。

头脑灵活是抓住机会的主要工具,如果机会来临了,我们还没有及时反应,那么机会也不会等待片刻,而是转身溜走了。正如,弗莱明发现青霉素之前,青霉素就已经存在许久了,但是却没有人关注;又如苹果掉落曾经砸到过无数人,但是却没有人像牛顿一样思考苹果掉落的原因。这就是灵活的头脑赋予我们的机会,也正是这些机遇碰撞了灵活的大脑,我们的世界才会变得如此精彩!

机遇只偏爱有准备的头脑。我们需要深厚的知识积累。缺乏了深厚的知识底蕴,我们是无法捕捉机遇的。拥有现在的思维方式才能看到机会并且把握它。我们常常慨叹没有机遇,但许多时候,机会来临时并不会敲响你心灵的大门,而是无声无息地从你身边经过,你的心门是否敞开,决定着你是否能够抓住机遇。

美国的贫民窟中有无数可怜的孩子,但是并不是每个可怜的孩子都只能过悲惨的生活。玛丽就是贫民窟中的一员。幼小的她每日要面对酗酒吸毒的父亲和精神分裂的母亲,她甚至都不知道幸福是什么滋味。每日在街头乞讨的玛丽羡慕地看着可以正常生活的孩子们,有时只是看着就会哭出声来。

随着玛丽渐渐长大,她懂得了自己的命运要靠奋斗去改变。于是她抓住每一个学习知识的机会,在垃圾堆里捡其他孩子扔掉的试卷,跑到学校外面偷偷听课。直到学校的老师发现窗外有这样一个勤奋的孩子,把她请进教室，玛丽的人生发生了变化，获得了机遇。今日，玛丽已经成为了麻省理工学院的毕业生，成为儿时贫民窟的救世主。在她的生命中，一个信念始终坚定不移——机会，就要靠自己的奋斗。

真正成功的人不会去等待机会的来临，而是会主动奔向各种机遇。

4. 为幸福持久而奋斗

你是否认为我们的生活是幸福的，我们的未来是美好的？如果是，请放平心态仔细思考，我们的未来究竟会怎样，我们的美好、幸福还能维持多久，我们现在追求的美好又是以什么为代价的。如果我们可以冷静地思考这些问题，就可以感受到一种深深的危机，此刻让我们一起为了美好未来而奋斗，一起为幸福的持久而奋斗。

美国心理学家、近代积极心理学之父马丁·塞利格曼曾说过：真实的幸福是由积极的情绪，无悔的付出和人生的意义组成的。很多人对幸福的诠释却只针对于现实的生活，以及对生活的满意度。为此，他们破坏了太多本应该让我们幸福的东西。

物欲并非衡量幸福的主要标准，人生的丰盈蓬勃才是幸福的体现，因此，马丁·塞利格曼才会说积极的情绪、无悔的付出和人生的意义才是幸福的含义。当我们以他人的失去为代价而满足生活欲望之时，是无法得到长久幸福的，得到的只是一时的生活满足。

圣彼得堡是俄罗斯的第二大城市，又名列宁格勒，在这里不仅仅有优美的线条、墨绿的大理石装饰，还有富丽豪华的花园宫殿，另外这里还是一座不夜城（圣彼得堡是世界上少数具有极昼的城市，每年的5月到8月，圣彼得堡便几乎看不到黑夜），当白夜漫步在静静的涅瓦河畔，沐浴在蓝天中的北极光中之时，一种梦幻般的感觉便随之诞生。

到过圣彼得堡的每一位游客都对这里流连忘返，居住在圣彼得堡都会成为他们的梦想。但是这里的景色和不夜现象却不是让世界为之向往的主要原因，所有来过这里的人都会说他们感受到了一种深深的幸福感，他们坚信在这里生活一定可以得到更多的幸福。

这一信念来源于圣彼得堡的社会风气和人文文化。在这里的每一个人都显得十分亲切，而且城市的治安、公共秩序良好，人们的感情也十分深厚。任何一个来到这里的人都可以找到自己喜欢的工作，无论是艺术家、科学家，还是教育家，这里可谓是一个容纳世界精髓的城市，无怪乎这里会以圣子彼得的名字命名。

另外，这里的人们有着非常良好的生活习惯，人与人之间的感情也十分亲密，来到这里的游客只要遇到困难，甚至不用呼救就会得到很多人的帮助。曾经有一位油画家在圣彼得堡的一座桥上创作时，由于不小心被一辆汽车撞倒，在这位画家还没有反应过来发生了什么情况之时，已经有很多路人一起帮忙将其送到了医院，医院的医生为其做了详细的检查，最终确定他受到的只是皮外伤，才放心地送他走出了医院。而这位画家却不知道究竟应该感谢谁才好，因为错误是自己犯的，而帮助自己的人实在太多了，甚至有些人他已经无法记起面孔。当画家回到桥上之时，发现自己的画板还安心地站在桥上，只不过作品上不知是谁给蒙上了一层布，为的是不让风吹脏了它。

最终，画家把这幅画送给了救助他的医院，并把深深的谢意传达到了这里。而这位画家就是圣彼得堡著名油画《光明世界》创作者中的一员波罗金·弗拉基米尔·维克托洛维奇。波罗金·弗拉基米尔·维克托洛维奇也曾说过，虽然他是一个孤儿，从小在孤儿院中长大，但是圣彼得堡从小给予他的幸福感正是他可以成功创作《光明世界》的重要力量。

长久的幸福就是消除生活中更多的负面情绪，可以令我们的奋斗无怨无悔，而且时刻清楚自己的价值，了解人生的意义，这才是我们应该为之奋斗的人生，才是我们追求的理想。体验这样的人生，我们可能会产生缥缈的感觉，好像一切距离现实过于遥远，一切不着边际；好像这些人生不是属于平凡的人，而是属于那些伟人和英雄的。

我们无须用崇高的眼光来看待这个问题，因为永恒的幸福是属于每一个人的。例如，在一个家庭中一个孩子想吃橘子，但是由于家庭条件的原因父母无法马上去买，于是父亲外出辛劳一天赚回了手中的一袋橘子。那么这个父亲感觉到了幸福，整个家庭因为父亲的可靠也会感觉幸福，而且这种幸福可以持续很长时间，因为这是一种满足了积极情绪、无悔付出和人生意义的幸福感。

而如果这位父亲听到孩子想吃橘子后，并不是靠劳动换取，而是去偷一个橘子，那么后果会有何不同呢？也许孩子因为无知也会感到幸福，但是父亲自己不会，他不因为孩子的满足而感到幸福，因为他没有付出，也许他会产生一种满足感，但是这与幸福不同。另外整个家庭都会认为父亲是一个不可靠的男人，无法长久依托，于是家庭中会产生一丝恐惧和不信任，即便没有在当下表现出来，但却是的的确确存在的。

两者的区别代表着幸福差异。如果我们明白了两者所蕴含的道理，就应该及时对比一下自己的人生。我们现在是否幸福，我们的幸福还能持续多久？我们给予他人的是不是他们想要的幸福。

如果我们了解了幸福，并明白了何为持久的幸福，我们就可以感受到一种美好，因为我们明白了一个道理，也找到了人生的方向，从此我们的人生会越发精彩。

5. 人类的奇迹，来自旷日持久的奋斗

奇迹不是瞬间创造的，而是在无数次的奋斗中争取而来的。也许我们奋斗的理由很平庸，但是这依然无法阻止在奋斗中诞生的奇迹。正如很多人创造了奇迹，而他们并非冲着荣誉与奖章去的，奋斗的理由很简单，一种生活的乐趣。在快乐的生活中最容易创造奋斗的奇迹。

在我们眼中，什么样的人才会创造奇迹？什么样的人才有机会成为举世瞩目的英雄？必然是那些继往开来的历史人物，是那些改变自己和他人命运的成功者。然而，这一少数人群是在创造奇迹之后才会被人们关注的，在这之前他们与普通人没有任何区别。

其实整个世界前进的脚步往往掌握在这些创造奇迹的成功者手中，可以说这些成功者引领着时代与潮流的发展，大多数人所做出的改变也只是跟从。正如我们的审美观、价值观被各种引领时代的潮流不断地颠覆，而我们又可以从中看到更多人开始创造奇迹，其中不乏大量"草根"选手。这就证明，每个人都有创造奇迹的可能，每个人都具备创造奇迹的能力，而我们所需要做的就是向着我们的梦想不断奋斗。

然而，现在有太多人不再相信奇迹，而是选择服从命运。这一简单的服从甚至延缓了整个社会的发展速度。在这些人看来，奇迹非常遥远，奇迹并不重要，因为奇迹根本与自己无关，只需守好自己的一亩三分田，温饱一生足以。试想，我们生活的环境，与我们有过交集的人是否需要我们做出改变，从而追求更美好的生活呢？

拿破仑一生中就创造过无数的奇迹。1813年第六次反法联盟的激战中拿破仑作为一名优秀的指挥官曾多次战胜联盟军队，但是当时的法国正处于非常动荡的阶段，各个附庸国害怕因支持拿破仑而得罪联盟各国，于是不断向拿破仑施加压力，并暗中影响拿破仑的指挥策略。由于过多的权利干涉，拿破仑在指挥战争时受到了极大的影响，1813年10月莱比锡战役中拿破仑被联盟军首次击败，正是这一次失败使得法国的所有附庸国全部脱离独立，联盟军趁机挺进巴黎，并在1814年3月占领了巴黎。联盟军要求法国立即无条件投降，并威胁拿破仑必须退位否则处以极刑。

退位后的拿破仑被流放到了地中海的一个小岛之上，他在这里待了一年多的时间才成功地逃了出去。历尽千辛万苦逃出小岛的拿破仑带领着1000人的队伍又重新返回了法国。听到这个消息后，当时的法国国王路易十八马上派出了大军捉拿拿破仑，决定再次将其流放。当这则消息传出之后，拿破仑的随从马上劝他，赶快带领队伍到其他国家躲一躲，等风声过去后再伺机回国。

没想到拿破仑却说："我为什么要逃跑，我是他们的领袖，他们是我的士兵，为何领袖见到士兵要逃跑呢？"正是带着这种信心和执着，拿破仑带领队伍继续向巴黎行进。没过多久就碰到了前来捉拿拿破仑的军队。

拿破仑迎着前来捉拿他的军队走了过去，并保持着统帅的气度指挥他们。路易十八万万没有想到，自己派出捉拿拿破仑的军队却成了他的随从。当拿破仑再次回到巴黎之时，已经是带领着14万正规军和20万志愿军的首领人物了。路易十八慌忙逃跑，拿破仑再次登上了皇位。

拿破仑是一位天生的领袖，因为他可以在举手投足间就改变一支军队的思想。这份自信，这种能力来源于他坚持如一的信念，来源于他长期不断的奋斗。

在拿破仑的内心中，自己永远是一个王者，即便是在被流放阶段，拿破仑在小岛之上仍然保持着皇帝的称号，并且思考着如何重新登上法国皇帝的宝座。在这种坚定的信念下，拿破仑的每一项举措都是带着明确的目的性，并且拿破仑在思想深处就认定他绝对可以拿回失去的一切。

在奇迹创造者的眼中，他们并不是在创造奇迹，而是在完成一项工作或者是在实现自己的梦想。

非洲大草原上生活着猎豹和羚羊。它们是陆地上奔跑速度最快的两种动物。而猎豹可以称为羚羊的天敌，因为猎豹在短距离内速度是大于羚羊的。有一次，一只猎豹想要捕获一只羚羊，于是它潜伏在草丛中，悄悄地靠近羚羊，并出其不意地跳了出来一下子抓伤了羚羊的后背，然而当它落地时却不小心摔倒了，羚羊趁机逃跑，猎豹马上跳起来追赶。但是追赶了一段距离之后猎豹发现这只羚羊总是用矮树丛和石堆影响自己的抓捕，这时猎豹已经开始急促地喘气，于是它想到："我们的急速奔跑距离非常有限，如果再这样下去我很有可能把肺部撑破，看来这只羚羊是追不上了。"果然，这只羚羊从猎豹的口中逃脱了。

猎豹十分沮丧，去请教有着丰富抓捕经验的前辈，如何才能提高自己的狩猎成功率。当这位前辈听到它已经把羚羊抓伤却让羚羊逃跑的事之后非常诧异，对猎豹说道："对于狩猎我没有任何秘诀，因为我的抓捕方法和你是一样的,但是我却和你的想法不同,每当我成功地靠近猎物之时,我已经把它认定为食物了,因为我跑得比它们快,它们是没有理由逃跑的。"

而羚羊回到羊群之后得到了其他羚羊的赞赏,因为大家都认为它可以从猎豹口中逃生简直是一个奇迹,于是大家纷纷向它询问逃生的方法。而这只羚羊却说道:"当猎豹抓伤我摔倒的时候,我就认为这是上天赐予了我一次重生的机会,既然有了这次机会我就不能放弃,我就一定可以成功,于是我拼命地跑,并且用矮树丛和石堆躲避猎豹的扑咬,所以我成功了。"

每一个创造奇迹的人都有一个共同点:他们注重的是过程而不是结果。虽然结果可以令自己产生奋斗的动力,但是过程更重要,过程是一种享受,是一种经验积累,只有重视过程的人才能获得成功,而忽视过程的人往往会失败。

创造奇迹的力量来源于平凡中的不懈努力,沉淀,积累,然后爆发。创造奇迹的人可以是世界上的任何一个人,我们要学会奋斗,才能创造出不一样的奇迹。

6. 让生命回归灵魂的原点

人生的意义在于追求，生命的本质在于前进。生与死是一个完美的对接，我们用一生的时间画生命的圆。有的人从不抱怨，无论道路多么坎坷，生活多么艰难，都能够朝气蓬勃地迈着最强劲的步伐走向属于自己的生命之路；有的人从不迈开脚步，他们沉溺于现状，无论安逸还是颠簸他们都不思进取，他们从不奋斗，毫无生气，他们的人生就像一个点，从未改变。生与死都是自然的规律，我们无法改变生的起点，也无法逃避生命的尽头，但我们能够丰富人生的历程。

随着时代的发展，科技发达，物质丰富，人们对生命意义的思考开始变得功利，人们开始忽略生命历程的重要性，这让人们变得享乐而不愿奋斗，灵魂也开始剥离。没有了灵魂的生命无疑会变得毫无价值。我们一定要提高自己的精神层次，让生命回归灵魂的原点。

马斯克是出生在南非的美国人，40多岁的他一次又一次登上人生的高峰，成为我们每个人奋斗的榜样。他12岁就能够设计视频游戏，成功卖出后获得第一桶金。1998年27岁的他创立了世界最大的网络支付平台PayPal（贝宝），2002年被eBay（易贝）用15亿美元的股票收购。同年他创立了SpaceX（美国太空探索技术公司），成功设计了全世界成本最低的新型火箭，他们一直努力为太空移民创造可能性。2003年他与朋友一起创立了特斯拉汽车公司，造出了世界上第一辆能在4.4秒加速到百公里的电动汽车，并实现量产。这些成就任何一件都是了不起的，他在四十多岁就悉数实现，然而，他并没有止步，2013年他发布将造超级地铁并介绍了相关细节。

马斯克创造了人生中的一个又一个传奇，这些传奇来源于他纯净的灵魂和不懈的奋斗。在PayPal还没有被收购的时候，他就开始了火箭的研究，即便是度假他的手边也会有《火箭推进基本理论》这本书。他经常工作到深夜，第二天一早又开始上班，而且要时常在两个城市中穿梭。他是一个只要看好，就努力去做，不达目的不罢休的人，他之所以能够做成三家伟大的公司，是因为他对互联网、可持续能源和空间探索的看好。

人生本身很简单，只是有的人把它变得复杂了。马斯克也曾遇到沉重的打击，三次火箭的发射失败、特斯拉的濒临破产、失败的婚姻，让风光的马斯克跌落谷底。在金融危机的大环境下，没有投资，甚至连房租都交不起，但马斯克从没有想过放弃，他想尽一切办法，顶住了压力，最终力挽狂澜，东山再起。当谈及那段时光的时候，他的回答很简单："虽然很冒险，但若我不投入，才是最大的冒险，因为那样成功的希望为零。"

人生犹如旅行，有的人像游览大海，乘风破浪；有的人像游历名山大川，步步登高；而有的人就像走在平原，波澜不惊。马斯克的人生像层层台阶，一路向上，但他始终把每一步都当作新的开始。人们生命的起点都大同小异，但过程却有着天壤之别，人生中只要有奋斗相伴左右，幸福就会环绕我们，灵魂也不会离我们远去，它让我们把灵魂当作奋斗的原点，一路向前。

奋斗是种子，给我们埋下一个希望；奋斗是河流，能洗涤我们蒙尘的心灵；奋斗是阳光，能照亮我们的心房；奋斗是一种生活态度，让我们的灵魂回归原点。

从灵魂出发的奋斗能够让我们在实践中摒弃自己的缺点，完善自我；从灵魂出发的奋斗能够让我们变得更加顽强坚韧，自强不息。

灵魂是我们奋斗的原点，灵魂激发的斗志也会源源不断，让我们审视自己的灵魂，倾听自己内心的声音，定下自己的目标。只有这样定下的目标才能够使我们有百折不挠的精神，才能够让我们有不达目的不罢休的勇气。

源于灵魂而非物质的斗志，能让我们不被安逸的生活麻醉，能让我们不被满足牵绊脚步，促使我们永不止步；源于灵魂而非物质的斗志，能让我们积极向上，能让我们一直充满攀登的动力；源于灵魂而非物质的斗志，能让我们阻挡一切诱惑，能让我们无论遇到什么都不丢失最原始的那份坚持。

第二章

奋斗者，你没有理由不相信自己

在当今充满竞争的社会里，成功是人人向往和追求的，人们固然会列出成功者的诸多因素——知识、能力、经历、胆识、运气、毅力等，但是最不能忽略的一点，就是自信心。

奋斗者，需要自信，它是一种督促人不断向上的力量。

自信比什么都重要。为什么我们要相信自己？因为在这世上，每个人都是独一无二的。你所做的事，别人不一定做得来；你之所以为你，必定是有一些相当特殊的地方，而这些特质又是别人无法模仿的。既然别人无法完全模仿你，也不一定做得来你能做得了的事，又怎能取代你的位置？

中国古代有句话："彼，人也，予，人也，彼能是而我乃不能是？"意思就是：他是人，我也是人，他能做到的事，而我竟然不能做不到？也就是说别人能做到的，你也一样能做到！所以，你没有理由不相信自己。

1. 懂得从容，方能尊荣

从容面对人生，很重要的一点就是要正确地接受自我。一个人认识自我固然不易，接受自我就更难了。接受自我就是对自己的本来面目抱以认可的态度。从不为自己的平凡而叹息，不为自己的默默无闻而计较，不为自己不能出人头地而绞尽脑汁。他始终看准自己的奋斗目标且锲而不舍，即使一时失败也毫无怨言，直到做出伟大的业绩，他才淡淡地说一句：当初，我认准的目标是对的。这样的人，不管在什么样的环境中总是能够自信地过好自己的一生。

布鲁金斯学会创建于1927年，是美国著名的公众政策研究机构。它有一个传统，在每期学员毕业时，设计一道最能体现推销员能力的实习题，让学生去完成。

克林顿当政期间，布鲁金斯学会给学员们出了这么一个题目：请把一条三角裤推销给现任总统。八年间，有无数个学员为此绞尽脑汁，可最后都无功而返。克林顿卸任后，布鲁金斯学会把题目换成：请将一把斧子推销给小布什总统。

鉴于前八年的失败与教训，许多学员都知难而退。个别学员甚至认为，这道毕业实习题会和克林顿当政期间的那道实习题一样毫无结果，因为现在的总统什么都不缺少。

然而，乔治·赫伯特却做到了，并且没有花多少时间。

一位记者在采访赫伯特的时候，他是这样说的："我认为，将一把斧子推销给小布什总统是完全可能的，因为他在得克萨斯州有一座农场，里面长着许多树。于是我给他写了一封信，我说，'有一次，我有幸参观您的农场，发现里面长着许多矢菊树，有些已经死掉，木质已变得松软。我想，您一定需要一把小斧头，但是从您现在的体质来看，这种小斧头显然太轻，因此您仍然需要一把锋利的老斧头。现在我这儿正好有一把这样的斧头，它是我祖父留给我的，很适合砍伐枯树。假若您有兴趣的话，请按这封信所留的信箱，给予回复……'最后他就给我汇来了15美元。"

乔治·赫伯特成功后，布鲁金斯学会把一只刻有"最伟大推销员"的金靴子奖给了他。学会在表彰赫伯特时还这样说："金靴子奖已空置了26年。26年间，布鲁金斯学会培养了数以万计的推销员，造就了数以百计的百万富翁，这只金靴子之所以没有授予他们，是因为我们一直想寻找这么一个人——他不因有人说某一目标不能实现而放弃，不因某件事情难以办到而失去自信。"

积极的自信心可以使人产生积极的思维，而积极的思维可以增强人的力量，帮助人们认识到人生来就了不起，可以使人梦想成真。你将成为一个掌握自己命运的自力更生的人，成为一个充满力量、方向明确、有条不紊的人。

人是万物灵长，是个奇妙的集合体，具有无限的潜力。每个人都要看到自己的长处，承认自己，并接受自己。抽出一点时间坐下来，想想自己的优点，然后以赞赏的心态"看看"它，通过集中注意力于自己的优点，你将在内心树立起一种信心：我是一个有价值、有能力、与众不同的人。每当你做对了一件事，就要提醒自己记住这一点，说一句"天生我材必有用"。慢慢地，你就能建立起着眼于自己长处的习惯。

面对人生需自信且从容。从容，是人的一种仪表、举止、言谈和处世态度的外在表现。一个人如果有了从容的修养，他就会生活得潇洒、轻松。他不会因为自己不漂亮而拒绝谈美，不会因为自己有某些缺陷而消极，不会因为获得了某种权势而改变自己的初衷，不会因为别人的流言而举步不前，也不会因为贫穷清苦而陷入讨好、谄媚的圈子。

自信才能赢得成功，并且自信并不是难事，自卑是根本没有道理的。当然，自信心可以与生俱来，也需要后天的磨炼和培养。大家不妨在日常生活中从小事做起，培养自己的自信心。

2. 战胜自己，就是最大的胜利

如果一个人不对自己失望，精神就永远不会崩溃。实际上，战胜困难要比打败自己相对容易，所以有人说"我"是自己最大的敌人。战胜自己靠的是信心，人有了信心就会产生力量。人与人之间，弱者与强者之间，成功与失败之间最大的差异就在于意志力量的差异。人一旦有了意志的力量，就能战胜自身的弱点。

有两个人同时到医院去看病，并且分别拍了X光片，其中一个原本就得了癌症，另一个只是做例行的健康检查。

但是由于医生取错了片子，给了他们相反的诊断，那一位病况不佳的人，听到身体已恢复，满心欢喜，经过一段时间的调养，居然真的完全康复了。

而另一位本来没病的人，经过医生的宣判，内心起了很大的恐惧，整天焦虑不安，失去了生存的勇气，意志消沉，抵抗力也跟着减弱，结果还真的生了重病。

看到这则故事，真的是哭笑不得，因心理压力而被医生诊断出"重病"的人是该怨医生还是该怨自己呢？有人曾经说过：自认命中注定逃不出心灵监狱的人，会把布置牢房当作唯一的工作。以为自己得了癌症，于是便陷入不治之症的恐慌中，脑子里考虑更多的是"后事"，哪里还有心思寻开心，结果被自己打败。而真的癌症患者却用乐观的力量战胜了疾病，战胜了自己。

更多的时候，人们不是败给外界，而是败给自己。绝望和悲观是死亡的代名词，只有勇于挑战自我、永不言败者才是最大的赢家。

游泳教练张健用50个小时成功横渡了渤海海峡，成为世界上第一个连续游泳超过100千米的人。然而，在这成功的背后，却曾经隐藏着失败的危机，张健在游至中程时也曾有过放弃的想法。正如世界著名的游泳健将弗洛伦丝·查德威克，在第一次从卡得林那岛游向加利福尼亚海湾时，见前面大雾茫茫，便放弃了挑战，而此时距岸仅1海里。很显然，他并不是不具备能力，而是心理出了问题。

任何时候都应该信任独一无二的你。世界上没有两片完全相同的树叶，人同样如此，每个人都是上帝的宠儿，都是独一无二的，所以我们应该相信自己。

我们每个人在世界上都是不可替代的。从生理学上说，每个人都具有与众不同的特征，包含DNA（脱氧核糖核酸）、指纹等。从社会学上讲，每个人的社会关系也是与众不同的。所以，在这个社会上，每个人的存在都是有意义的，因此我们应该自信，只有自信才能自强，只有自强才能扮演好自己的角色，不管是主角还是配角。

自信的人，不会贬低自己，也不会把自己交给别人去评判。自信的人，不会逃避现实，不做生活的弱者，他们会主动出击，迎接挑战，演绎精彩人生。自信的人，不会跟自己过不去，只会鼓励自己。他们承担责任，缓解自身压力，他们会在生活的道路上游刃有余，笑看输赢得失。

英国著名物理学家、化学家法拉第小时候因为家庭贫穷，仅上过两年小学，12岁就成了报童。他一边卖报，一边从报上学习识字。一年后，他进了一个印刷厂当图书馆装订学徒，这又给了他一个学习的好机会。他一面装订图书，一面阅读学习。就这样，他不仅学会了认字，还能看懂越来越多的书籍。后来，他对自然科学越来越有兴趣，开始阅读《大英百科全书》，并把爱好集中到电学、力学方面。他的勤奋好学感动了一位顾客，经他介绍，法拉第终于有机会进入皇家学院听著名化学家戴维先生的讲座。法拉第非常仰慕戴维，鼓起勇气给他写了信。戴维被这个好学和不屈服于逆境的年轻人打动了，决定接收他为助手。在随后的日子里，法拉第从戴维那儿学到了一手精湛的实验技术，还结识了不少当时欧洲著名的科学家。他不懈的追求和努力终于换来了丰硕的果实，1834年，他发现了电解定律，震动了整个科学界，这一定律还以他的名字命名，以让人们永远记住这位伟大的科学家。

办法永远比困难多。但凡心存志向、拥有自信的人都会在逆境中鼓励自己。自信的品质，无关于人的出身，无关于过往取得的成绩，完全在于对未来的期许，对自己能力的充分认知。只要自信地去拼搏，就不再有困难无法克服。

3. 要为别人喝彩，但也别忘记把掌声给自己

生活中我们总习惯于为别人喝彩，羡慕别人的点点滴滴，而对自己一些突出的优点却视而不见，不以为意。于是，喝彩也因寂寞而悄然离去，只剩下垂头丧气的自己。

为自己喝彩，给自己一份执着，少一些失落，多一份清醒。人生不相信眼泪，命运鄙视懦弱。困难和不顺在所难免，如果总是沮丧，生活便是荒芜的沙漠，不如用自己的脚步来踩死自己的影子。战胜厄运，首先要战胜自己。为自己喝彩，给自己多一份自信和快乐，少一些怀疑和痛苦。凡事应学会换一个角度，从好的方面想，人生必将有别样的风景线。这是一种乐观积极的生活态度。即使有一千个理由哭泣，也要有一千零一个理由坚强；即使只有万分之一的希望，也要勇往直前、坚持到底。因为今天的太阳落下山，明天照样升起，人生也是这样。

有一位美国作家是靠为报社写稿维持生活。他给自己定了一个目标，每周必须完成两万字。达到了这一目标，就到附近的餐馆饱餐一顿作为奖赏；超过了这一目标，还可以安排自己去海滨度周末，在沙滩上大声为自己鼓掌、喝彩。于是，在海滨的沙滩上，常常可以看到他自得其乐的身影。

作家劳伦斯·彼德曾经这样评价一些著名歌手：为什么许多名噪一时

的歌手最后以悲剧结束一生？究其原因，就是因为在舞台上他们永远需要观众的掌声来肯定自己，需要别人为自己喝彩。但是由于他们从来不曾听到过自己的掌声和喝彩声，所以一旦下台，只剩自己时，便会备觉凄凉，觉得被观众抛弃了。他的这一剖析，确实非常深刻，也值得深省。

我们鼓励所有人给自己鼓掌，为自己喝彩，绝不是叫人自我陶醉，而是为了让人强化自己的信念和自信心，正确地评估自己的能力。

当我们取得了成就，做出了成绩，或朝着自己的目标不断前进的时候，千万别忘了给自己鼓掌，为自己喝彩。当你对自己说"你干得好极了"或"真是一个好主意"时，你的内心一定会被这种内在的诠释所激励。而这种成功途中的欢乐，确实是很值得你去细细品味的。

人生来就需要得到鼓励和赞扬。许多人做出了成绩，往往期待着别人来赞许。其实光靠别人的赞许还是不够的，更何况这些赞许会受到各种外在条件的制约，难以符合你的实际情况或满足你真正的期盼。如果要克服自卑感，增强自己的自信心和成功信念，那么就不妨花些时间，恰当地为自己喝彩。

生活中的成功者往往都善于爱护和不断地培育自己的自信心，他们懂得如何"给自己鼓掌"。一个不信任自己的人，一个悲观的人，一个只是把自己的成功当作侥幸的人，不可能成为有大成就者。

一个人如果自惭形秽，那他就难有好形象；如果他觉得自己不聪明，那他就难以成为聪明的人；如果他不觉得自己心地善良——即使在心底隐隐地有这种感觉，那他也成不了善良的人。

一个古代的泥塑工匠发现自己的面貌越来越丑了。"丑"并非指肤色、五官，而是指神情、神态，怎么就那样的"狡诈""凶恶""古怪"等，以至于使面相本身也让人觉得可怕。

他遍访名医，均无办法。因为吃药也好、整容也好，都无法医治五官之间的"关系"——无法医治一个人的愁眉苦脸，无法医治"满脸横肉，凶神恶煞"。

一个偶然的机会，在他游历一座庙宇时，把自己的苦衷向长老说了。长老说："我可以治你的'病'，但不能白治，你必须为我先做一点事——雕塑几尊神态各异的观音像"。

在中国千百年的传统文化中，观音是慈祥、善良、圣洁、宽仁、正义的化身，其面相、神情，自然就是群众心中这些概念的形象化、典型化。

工匠在塑造过程中不断研究、琢磨观音的德行言表，不断模拟观音的心态和神情，达到了忘我的程度。他相信自己就是观音。

半年后，工作完成了。同时，他惊喜地发现自己已经变得神清气爽，相貌也变得端正庄严了。

他感谢长老治好了他的病。

长老摇摇头说："是你自己治好的。"

此时，工匠已找到了自己"变丑"的病根——在过去的两年里，他一直在雕塑阎王和夜叉。

"没有任何东西可以阻挡思维方式正确的人达到他的目的，也没有任何东西能帮助思维方式错误的人。"相信你自己行，就一定行，坚定自信，才会使潜能得到发挥。

从下决心做一个成功的人的那一刻起，就要马上从状态上把自己当成已经成功的那个人，也就是说要一步进入角色。比如说你想当一个企业家，从今天开始就要以一个企业家的心态、思维模式和眼光来学习、观察、分析，来处理身边的事情和关系，而不是等奋斗到快当企业家了才来这样做。

如果你已经清晰地认定了自己的目标，无论那目标是什么，都要让自己尽快进入相应的角色。这样，你就能进入最佳状态，实现自己的愿望。

记住，机会永远只向有准备的人微笑。

当然，如果你通过自己的努力取得了一定的成绩，不妨为自己庆贺一番，这样一来就会建立起更多的自信。许多每天从事推销工作的业务员都有这样的经验：如果早上起来，心情不佳，自忖无法应付即将面对的难缠的客户时，便会将效率高的客户作为首先拜访的对象，待成交几笔交易，自信心培养充分以后，再去拜访其他客户。这种方式不但可以使其心情由阴郁变开朗，还可以确保一天的业绩。

实际上，他们所需要的正是一种能充实自信心的成就感。成功者善于爱护和不断地培养自己的自信心，他们懂得如何"颁奖给自己"。一个没有自信的人只会把自己的成功当作运气，这种人不会成为真正的成功者。

成功者在找到了自己的目标后，总是以强烈的进取精神千方百计地去创造条件，实现目标，从而大大增加了自己成功的机会。即使遇到挫折，他们也会积极地进行分析，调整自己的心态，去进行新一轮的努力。而当事情有了进展后，他们往往能充分肯定自己已有的成就，并以此来增强自己前进的勇气。

当你取得了成就，做出了成绩，或朝着自己的目标努力时，千万别忘了给自己颁奖。当你对自己说"你做得好极了"，你的内心一定会被这种内在的声音所激励。成功的信念需要成就感来充实，请不要忘记：给自己颁奖！

4. 跨越羞怯，在讥笑中拾得自信

羞怯，是一种美，犹如刚刚绽放的鲜花、振翅欲飞的小鸟，自然清新。但是过分的羞怯却不是一个优点，有时候甚至是一个不折不扣的缺点。比如在公众场合，需要你落落大方，而你却不敢动不敢言，鼓起勇气说话时又结结巴巴，这样或许就容易让人把你看扁了。

现在的人比以前大方和自然，敢于在人生的舞台上表现自己，但是还有相当一部分人存在或多或少的羞怯心理。有人做过调查，在1000名受访者中，约有35%的人都认为自己有胆小怕羞的心理。相较之下，女孩比男孩更容易受到羞怯情绪的困扰。不过，即使是男孩，也常常会因为自己的羞怯心理而感到烦恼。

造成羞怯的原因并不复杂，主要是少年时期与外界接触少，社会实践少，本来脆弱的神经系统没有得到足够的锻炼，缺乏控制力。另外，女孩比男孩对安全感有更多的需要，因此在别人面前便也多了几分羞怯。

羞怯的本质是保护自己，过分的羞怯可能源于过分地看重自己，过分地保护自己，过于"自我"。

华罗庚是中国著名的数学家。不过，在他读小学的时候，学习成绩并不好，没有拿到毕业证书，只是拿到一张修业证书。读初中一年级的时候，数学课还是经过补考才及格的，同学们都讥笑他，叫他是"废物"。同学们的嘲讽并没有让华罗庚灰心，他暗暗下决心：一定要学好数学，他也一直相信自己能够学好数学。信心树立起来，就会产生无穷无尽的力量。他知道自己并不比别人聪明，就用"以勤补拙"的办法：别人学习一小时，他就学习两小时。最后，他在不懈努力下成为著名的数学家。

华罗庚跨越了羞怯，在讥笑中拾得自信。我们承认有些人天性害羞，其实，随着年龄的增长、时间的推移、见识的增长和社会经验的丰富，这种心理会逐渐减弱。只要我们勇敢一些、坦白一些，以一种轻松的心态面对生活、面对困难，就能克服与人打交道时的羞怯心理。

小时候，看见别的孩子爬树，你也许总是站在一旁看着，自己从不敢尝试一下。你认为别的孩子太淘气了，而你早已学会了"安分守己"，于是，你便失去了锻炼胆量的机会。上学了，班上举办文艺活动，会唱歌的你不敢报名参加，更不敢上台，怕出丑丢脸。诸如此类的小机会，如果你不抓住，似乎一次又一次地放弃也没什么损失。但实际上，你的损失是巨大的，因为你的心态和选择已经形成了消极被动的习惯。那么，等到关键时机来临的时候，你怎么会发现和抓住呢？等待你的只有错过和失去。

机会总是与你擦肩而过。问题在于你能否改变自己，能否唤醒积极的自我意识。如果不是心态积极、自信主动，哪里会有什么机遇？即使机遇和目标就在你眼前晃动，你也不会发现，或是发现了也抓不住。所以，我们所缺乏的不是机遇和条件，而是积极的自我意识。

每个人都很羡慕那些取得成功的人，其实那些创造了奇迹的人与我们最大的区别就在于，他们都有坚定的自信意识。如果把一个人的成功比作地上的果实，那么，自信就是取得成功果实的种子。有了种子不等于就会有果实，还要精耕细作，努力工作。但是如果没有种子是绝对不会长出果实来的。一个人不相信自己有能力、有价值并且可以成功，哪里还会自觉地强化自信意识，树立成功心理呢？

　　坚定的自信，往往可使平庸的人成就神奇的事业，成就那些虽然天分高、能力强却又疑虑与胆小的人所不敢尝试的事业。你取得成就的大小，永远不会超出你自信心的大小。同理，假使你对于自己的能力存在严重的怀疑和不信任，你的一生就很难成就伟大的事业。成功的先决条件就是自信。

　　河流是永远不会高出于其源头的。人生事业的成功，亦必有其源头，而这个源头，就是梦想与自信。不管你的天分怎样高，能力怎样大，受教育程度如何，你在事业上的成功总不会高过你的自信。"他能够成功，是因为他认为自己能够成功；他失败，是因为他认为自己会失败。"自信对我们的成功非常重要，很多的科学家、发明家都把它作为最重要的因素。爱迪生就认为，自信是成功的第一要素。美国成功学代表人物拿破仑·希尔也是反复地强调人要自信，他甚至说，自信就是生命和力量，自信是创业之本，自信心可以创造奇迹。

5. 自卑补偿法：做你害怕的事

　　自信是一种积极的对自我的认识，是一种积极的人生态度。自信的人对自己的能力充满信心，相信通过自己的努力一定能够实现既定的目标。他们相信自己对于社会和他人的价值，也相信自己一定会受到别人的重视。他们相信自己是独特的人，他们尊重别人，也相信自己能受到别人的尊重和爱戴。

相反，自卑则是一种消极的自我认识，也是一种消极的人生态度。自卑的人在遇到问题时往往无所适从，总是觉得自己不如别人，不相信自己有能力处理好所面临的问题，甚至破罐子破摔，自暴自弃。

研究发现，每一个人在幼儿时期都有过自卑的经历，因为他们不依赖成年人就无法生存。这种依赖总是建立在成人的强大与他们的弱小形成的巨大反差上，但是，儿童并不永远自甘于这种依附的地位。现代著名精神分析学者阿德勒曾说过：所有的儿童都有一种内在的自卑感，它刺激儿童的想象力并诱发儿童试图去改善个人的处境，以消除心里的自卑感。

这就是著名的自卑补偿法。也就是说自卑有巨大的补偿作用，对于那些具有深深的自卑感的人来说，自卑有时有如一盏指路明灯，亦是一种巨大的精神鼓舞。

在日常生活中，有很多"补偿"的例子。如双目失明的人会全力发展他的听觉和触觉；下肢残疾的人会全力发展他的上肢；聋哑人会全力发展他的肢体表达能力。阿德勒认为，一个人的缺陷感越大，自卑感越重，就会越敏感，个体寻求补偿的愿望也就越迫切，因此孱弱的儿童往往比健全的儿童更好胜。

狄摩西尼出生于雅典的一个富裕家庭。不幸的是，他的父亲在他7岁那年去世了。随着父亲的去世，不幸接踵而至，母亲改嫁，巨额的家产被监护人侵吞。一夜之间，他由一位大人物的宝贝儿子，成为一个一贫如洗的孤儿。狄摩西尼本来就天生口吃，加上家庭破裂的原因，他一直没有受过良好的教育。成年后，他的口吃越发严重。不过，在狄摩西尼了解到自己家庭的真相后，决心向法庭提出诉讼，讨还被夺取的家产。可是，由于他没有能力在法庭上清楚、流利地陈述自己的意见，只好暂时放弃。换了别人，可能会由此感到深深的自卑，向命运屈服。但狄摩西尼却选择了向命运挑战，向自己的生理缺陷挑战。据说，他为了战胜自己的口吃，每天要大声诵读一百多页文章，站在海边含着石子迎风练习。最后，他战胜了自我，不但讨回了自己的家产，还成了雅典著名的演讲家，使在常人眼里不可能的事情成为了现实。他常在公民大会上凭借自己雄辩的口才发表政治演讲，得到了人们的热烈拥护。作为雅典民主派的领袖，狄摩西尼领导雅典人民进行了近三十年的反对马其顿侵略的斗争。在马其顿入侵希腊时，狄摩西尼发表了动人的演说，谴责马其顿王腓力二世的野心。他被公认为历史上最杰出的演说家之一。

狄摩西尼的故事意义在于，当厄运快要扼住你喉咙的时候，你选择了自卑和屈服，就等于选择了100%的失败；你选择了自信和抗争，可能就争取到了那0.01%的希望。

自信和自卑只有一步之遥。甚至可以说，自卑感是个人取得成就的主要推动力：在人际链上，几乎每个人都处于一种比上不足比下有余的地位，与上面的人相比，他感到自卑，于是，一种要求补偿的动力会推动他去奋斗；当他达到补偿与"卑劣地位"的平衡后，他又处于人际链的一个新的节点上，这时若与别人更大的成就相比，又会使他产生自卑感，从而激发他去争取更大的成就。这种不断要求补偿的动力，正是人类进步的原因。人类的文化很多是以自卑感为基础的，自卑感之所以成为个体发展的动力，是因为每一个个体身上都潜藏着与生俱来的追求优越的向上意志。而追求优越是每一个人的基本动机，它是生活本身的一种固有需要，从"低"到"高"的欲求也永无休止。正因为每一个个体身上都有着这样一种与生俱来并与生长过程并驾齐驱的基本动机，因而自卑感才成为个体不断弥补不足、不断进取、不断超越的潜在动力。因此，自卑是一个不能随意就定性的东西,无所谓好,也无所谓坏,关键是自卑向何处发展。如果自卑感在一个人成年以后的生活中一直延续下去,使他逐步意志消沉、不思进取、甘于落后、自暴自弃,这时正常的自卑感就变成了"自卑情结",而自卑情结对于个体的正常生活和发展是一种障碍。但是,只要自卑感不变成自卑情结,那么,它就会推动个体去追求补偿,因而对于个体的发展就是一种激励因素。所以,有自卑感并不可怕,只要个人始终努力克服自卑,追求优越,自卑就会转化为自信。不然,自卑就会向自弃、自毁和自灭的方向发展。

自卑心理多产生于畏惧,产生于对社会及未知事物的不确定感。要想征服畏惧,彻底战胜自卑,不能夸夸其谈止于幻想,而必须付诸实践。建立自信最快、最有效的方法,就是去做一些自己不敢尝试的事,直到成功为止。

6. 激发潜能,唤醒真正的自己

潜能是人类原本具备却"忘了"使用的能力,或者说是存在但尚未被开发与利用的能力。这种能力有智能上的和体力上的,它们长期默默地沉睡在我们的身体深处,有时在我们遭遇危险时,它会突然出现,发出惊人的威力。

一个十岁的男孩看着他的父亲修理汽车。突然，千斤顶滑脱，父亲的手被压在车轮底下，此时男孩毫不犹豫地将汽车抬起，让父亲的手缩了回来。

类似的事例，也许你在生活中亦有耳闻，甚至一些人有过亲身经历。陷于地震中的人能推开巨石；火灾中的人能搬动平时力所不及的重物。而在通常状态下，我们所表现出来的体力也许还不足那时的1/10。什么原因呢？对此一些专家的解释是：当身体机能对紧急状况产生反应时，肾上腺就大量分泌激素，传到整个身体，从而产生出额外的能量。这是比较普遍的一种解释，当然还有别的说法。这里姑且不去讨论那些"额外的能量"是怎么来的，因为要瞬间产生出那么大的能量，首先当然得有那么多存在身体里面。如果没有，则任何危机都不足以使它产生出来。这也表示，我们每个人都蕴藏了巨大的潜能，重要的是我们如何挖掘并控制它，让它为我们所用，并以此提升我们的战斗力。

在我们所听闻的有关潜能爆发的事件当中，似乎大多数都是当事人在身处危境时才发生的，大量的报道似乎也证明：潜能是在人们感到自身生命或相关的重要事物受到巨大威胁，致使注意力达到高度集中的状态时才被引发。当然这并不是一定的。

我们不妨来看几则有关"兽孩"的报道，也许你能从中受到启发：

"狼孩"：1972年夏天（有报道为1975年5月），印度居民那尔辛格在森林里发现一个大约三岁的狼孩，后取名为巳斯卡尔，送往印度克瑙市的传教士的医院里。其用四肢奔跑的速度之快超越了成年男子，力气也相当大，1985年时死去。

从1969年开始一直居住在新德里德勒撒修道院里的"狼妇"比迪亚，是由一对在丛林中打猎的美国夫妇发现的。当1985年采访报道时，她已经满脸皱纹，满头灰发，看上去像70岁左右，但动作仍如真狼般快速敏捷。

"猴孩"：1927年，印度发现两个在猴群中长大的女孩，能够像猴子那样爬树摘果，奔腾跳跃。

"豹孩"：1923年在印度发现，据说其用四肢奔跑的速度之快不亚于真豹。

另外还有法国12岁的"羚羊孩"，跳跃幅度惊人，善于攀登悬崖峭壁；法国10岁的"海豹孩"，不惧寒冷，赤身裸体生存于冰川之间。

"兽孩"所拥有的惊人体力，证明人类是可以持久性地使潜能表现出来的，关键在于我们怎样做。不管是常人的瞬间潜能释放，还是兽孩所具备的超常能力（某些方面），同样作为人类，我们都拥有相同的身体结构，这也就意味着，只要受到相似的刺激或影响，就有可能激活我们的潜能。但我们不可能将自己置于一个非常环境，也不可能模仿兽孩的生存方式，因此我们需要长期了解：抑制和诱发潜能的"控制阀"是什么？它在哪里以及如何把握这个"控制阀"？解决了这些问题，我们就能够根据其原理以正常的手段来激发我们的潜能了。

什么才是真正的自己？你真的了解自己吗？只要有信心，或者有信念就能遇见那个真正的自己。

什么是"信念"？对于这个问题，不同的个人和组织有不同的解释。

比如在安慰剂实验中，医生把病人分为两组，给病人所开的药物实际上是蒸馏水，但是，医生对其中一组病人说，这种药物是绝对有效的，只是让病人相信，他已经在接受治疗了。最后，经实验发现，病人受到"绝对有效"暗示的一组，当中觉得"真的有效"的那70%的人对医务人员的话深信不疑或非常相信，因而意识对暗示不加分析、批判、无条件地接受，进而对身心产生了影响；而剩余部分的人，则对暗示抱持怀疑态度，意识上拒绝或是部分拒绝了所受暗示，因而维持了身心状态。在清醒状态下，信念的强弱与暗示效应的大小呈正比关系（信念亦会对半意识状态下的暗示效应造成一定程度的影响）。换言之，越是相信暗示信息，暗示效应就越显著。古人的"心诚则灵""信则有，不信则无"的说法实在是经验之谈。

因此，为什么优秀的教练，一流的运动员，以及各行各业的顶尖人士都如此强调"信心"的重要性，为何那么多的人好武成痴，每日勤习苦练却成就平平？除了方法正确与否的因素外，缺乏自信更是影响巨大。试想，一个习武者若是不相信自己有朝一日能够学有所成，那他在训练中还会全力以赴吗？因此，对于所有习武者来说，要想实现自己的习武目标，首先要建立强大的自信心。

在现代社会快节奏模式下生活的我们，每天为了名誉、财富、地位等奔波劳顿，我们却忽视了生命中最本质的东西：爱、喜悦及自信。

高度的自信是一切成功的基础。如果你对自己非常自信，以致你的激情被彻底唤起的时候，你就会进入一种特殊的功能状态。这时你的思维和精神力量的速度和数量都会大大增加，在这种状态下，你的精神力量好像增加了数倍，思维机器——这部无比精密的仪器以神奇的速度顺利地运转，此刻你会真正感受到灵感四溢、随心所欲的心理状态。可以说，信心是成就事业的根本。大家无论在学习还是工作上，都要树立自信，要使自己充满必胜的决心，因为信心是潜意识能量的精髓、灵魂，没有信心，你将一事无成。

静下心来，更清晰地了解自己，才能激发潜能，确立信心。

第三章

边奋斗边学习，拓展生命的广度

孔子说，"三十而立"。三十岁建功立业可谓早，至于安身立命，拥有相对稳定的职业，三十才立就嫌晚了一点。所以，务必着眼于未来，不要荒废时光，不要贪图眼前之乐。

年少时尽量多学知识，打开眼界，拓宽思路，培养智慧，这样年龄稍长后才有在生活的夹缝里游刃有余的资本。不要自卑自贱，也不要好高骛远。人生在世，读透了一本书抑或做精一件事，就不用心慌了。

年轻人要想成就一番事业，就需要资本。你是否想过，自己的资本是什么？实际上，资本就在你周围，就是年轻、努力、奋斗和不断学习，随时提升自己。

搞建筑首先应当打图样，筑路也不能把材料随地乱铺，搞雕刻不会随意拿起石头来乱刻一阵就能成功。同样，做任何事，都要先有一番计划与准备不可，草率从事成就不了大事业。社会上很少有在年轻时没有打好基础，到后来竟能成就一番事业的人。一般来说，成功者能在晚年获得美满的果实都是因为他们在年轻时就播下了好的种子。

1. 学识，是生命永恒的资本

只要具备真才实学，就不怕各种阻挠。即使没有大笔财富，世人也会看重你，因为你的本领是他人无法抢走的。总之，要尽量培养本领，将其积存起来，这才是我们成长过程中的基本功，也是我们成功的前提。

如果在年轻人中问这样的问题：你心中最为向往也最为恐惧的是什么？我想回答最多的是：将来干什么？做人难，首难在安身立命。这么大的世界，这么小的人。世界上人太多，这么多的人之间既互相联系又互相排挤。时空莫逆，来路莫测。人生在世，要吃、要喝、要穿、要住、要养家、要建功立业……

千难万难，第一难就是如何在这个拥挤的世界里找到属于自己的一席之地。

有位先生以自己的切身体验回答了这个问题——获得足够的知识。

"20年过去了，向往已成明日黄花，恐惧也灰飞烟灭，人生坐标上，我的双脚迂回曲折了那么久，终于立定了。我摸索得太久，付出的太多，从懂得发问'我将来干什么'到'我干了什么'，花去了将近20年的时间。20年的生命代价教给我一点诀窍，我愿将它诚告现在的青少年朋友，即：读懂一本书，做精一件事。

"18岁或许更早一些，你差不多已经高中毕业，在人类高容量知识库里，你算扫了盲。这个时候，如果你上了大学，很好；没上成，也没关系，因为你已经具备了从书架上挑选适合你胃口的某一类专业性书籍来阅读的能力，也具备了寻师问友的能耐。花上三四年时间，只要真正下功夫，你完全可以把某类专业修习完毕。这时候，你的脚下有了一片坚实的土地。就在你自行修习的同时，你可能已经找到了一件谋生的事做，只是你也许不太满意。

"你心中的'未来'不是现在这个样子。你当然可以对你的现状不满意，完全可以，也应该，因为你还年轻。但你千万别太着急，也不要怨天尤人。记住，你已有一块坚实的土地。因此，你可以一边随遇而安一边在你拥有的土地上'打井'——将你已有的知识整理一下，选定其中一本最有代表性的书来读。这回你不是记忆性地学了，是钻研！当你把它完全给'看透'了，你一定会豁然开朗，智慧跃升到一个崭新的高度。你甚至可以找出这本书的谬误与纰漏。这时，你在某个学问领域，还具备了讨论、探索、发挥、创造的能力。你可以干点什么！

"不必把专家学者看得太神秘，他们就是这么走过来的。有的青年会说，我不爱读书，不想做学问，不想做任何一个领域的领导，那我该怎么办？那就去学做一件事，认真学。修汽车、煎大饼；画画、养花……可做的事太多了。总之，选一样你喜爱又有相应条件的事一心一意去做，哪怕诸如刻印章之类的'雕虫小技'，你学会了，做精了，世界的某个位置就是属于你的了。"

在不同的历史时期，财富的表现形式是不同的。在农业社会，财富的源泉是土地。而随着蒸汽机的发明，财富的源泉转为劳动力。到了19世纪末，随着铁路、电话和电报等的出现，财富渐渐以资本的形式出现。而在如今的信息和知识经济时代，社会的财富和资本就是知识。所以，对财富的追求也是不断变化的，并且需要追求者具备不同的能力。

许多人都认为爱因斯坦很聪明，就考了他很多问题，比如：光的速度是多少？美国铁路有多长？爱因斯坦却回答说："这些我都不知道。"看到人们惊愕的样子，他微笑着说："这些只要翻书一查，不就全知道了吗？"

要记住，知识和技能才是可以随身携带、终身享用不尽的资产。对于这一点，犹太人的体会可谓是最深刻的，因为这是由血与火锻造成的经验。

公元70年，犹太人悲惨地失去了国家，从此流落他乡，过着漂泊动荡的生活。他们深感自己是"没有祖国的人"，一切财产随时都有被夺走的危险，只有知识和技能是可以随身携带的。有这样一个传说，犹太人在父亲和老师一起被海盗抓走时，如果所有的金钱只能赎回其中一个，那么他们就会先把老师救出来。犹太人世代相传的箴言就是：知识是最可靠的财富。

石油大王洛克菲勒有一段妙语："如果把我身上的衣服全部都剥光，一个子儿都不剩，然后把我扔到大沙漠去。这时只要有一支商队经过，那我又会成为亿万富翁。"

他为什么如此自信，因为他拥有知识这无尽的财富，同时他也深信知识可以改变命运。

知识这种东西，无论你学了多少，它都将在你的脑中累积，成为你自己的东西。所以，尽可能多地拥有知识吧，你的命运也就掌握到了自己手中。

有一天，福特公司里一台大型电机发生了故障，工程师维修了三个月丝毫不见起色，只得请来权威人士斯坦因梅茨。这位权威人士只在电机的某个部位画了一条线就找出了关键问题，使电机正常运行了。有人忌妒地说斯坦因梅茨向公司要1万美元是勒索。但是，斯坦因梅茨在付款单上写道：画一条线——1美元，知道画在哪儿——9999美元。

多么巧妙的回答。我们每个人都会画线，然而并不是每个人都知道该画在什么地方，这正显示了知识的价值。

目前，企业里的上班族已成为学习中成长最快的人群。学校里的教育仅仅是一个开端，其价值主要在于训练思维并使人适应以后的学习和生活。一般说来，别人传授给我们的知识远不如自己通过勤奋学习所得的知识深刻久远。靠劳动得来的知识将成为一笔完全属于自己的财富。它更为生动活泼，持久不衰，永驻心田。而这恰恰是被动接受别人的教诲所无法企及的。这种自学方式不仅需要才能，更能培养才能。一个问题的有效解决，有助于探求其他问题的答案。这样，知识也就转化成为才能。无需设备，无需书本，无需老师，也无需按部就班地学习，自己的努力就是关键所在。

2. 向实践学习，读好"无字之书"

一个人的成长是要不断在实践中历练、磨合、改变和提高的。只有这样，人才能不断进步，不断成长。

我国著名的教育家陶行知就非常重视实践。一天，他去修理母亲的手表，向修表匠提出修表时要带学生在一旁观看。这天下午，他和学生们仔细地看着修表匠把表拆了又装的全过程。当天，他在亨达利表店买到了修表工具,和几个学生动手拆装了一只旧表,直到午夜才大功告成。他和学生们高兴得不得了。

光有理论知识是不行的,只有通过实践才能逐渐掌握真知,才能让其变成自己的能力。"纸上谈兵"便是个教训。

战国时期,赵国大将赵奢曾以少胜多,大败入侵的秦军,被赵惠文王提拔为上卿。他有一个儿子叫赵括,从小熟读兵书,爱谈军事,别人往往说不过他。他因此很骄傲,自以为天下无敌。然而赵奢却很替他担忧,认为他不过是纸上谈兵,并且说:"将来赵国不用他为将便罢,如果用他为将,他一定会使赵军遭受失败。"果然,公元前259年,秦军又来犯,赵军在长平(今山西省高平县附近)坚持抗敌。那时赵奢已经去世,廉颇负责指挥全军,他年纪虽大,打仗仍然很有办法,使得秦军无法取胜。秦国知道拖下去于己不利,就施行了反间计,派人到赵国散布"秦军最害怕赵奢的儿子赵括将军"的话。赵王上当受骗,派赵括替代了廉颇。赵括自认为很会打仗,死搬兵书上的条文,到长平后完全改变了廉颇的作战方案,结果四十多万赵军尽被歼灭,他自己也中箭身亡。

带兵打仗如此,做学问、搞技术研究更是如此。数学上有现成的公式,物理上有现成的定理,化学上有现成的分子式,但如果不做一定量的练习题,不做一定量的实验,仍然掌握不了这些知识。写文章就更难了,古今中外,没有哪一个作家是靠"作文秘诀"而成功的。没有一定的社会实践,没有一定的语言功底,没有一定的写作训练,任何高明的写作秘诀都无济于事。因此,我们只有通过不断实践才能获取更多的知识和掌握更多的技能。

南宋著名爱国诗人陆游曾写过《冬夜读书示子聿》一诗:"古人学问

无遗力，少壮工夫老始成。纸上得来终觉浅，绝知此事要躬行。"

诗的后两句，陆游谈从书本得来的知识比较浅薄，只有经过亲身实践，才能变成自己的东西。他从书本知识和社会实践的关系着笔，强调实践的重要性，凸显其不凡的真知灼见。"要躬行"包含两层意思：一是学习过程中要"躬行"，力求做到"口到、手到、嘴到"，这是学者的一种"躬行"；二是获取知识后还要"躬行"，通过亲身实践化为己有，转为己用。陆游的独到见解，是宝贵的经验之谈，不仅在古代对做学问、求知识的人很有启发，即使在科技日新月异的现代，仍然具有极强的启迪和借鉴意义。

明末清初的大学问家顾炎武就是一个能够很好地把书本知识与实践联系在一起的人。明亡后，顾炎武大部分时间在北方活动。每次出行，他总要考察山川形势、政治经济、文化风俗。每次出行，他总是用二骡二马载书，经过边塞、关哨、山川，就向当地老乡询问了解当地的有关知识和情况，如果所听到的跟以前所学的不相符，就打开书籍对勘，并加以观察思考。经过长期积累，他终于有很多新发现，写出了《日知录》这一传世之作。

顾炎武的这种学以致用、追求真知的精神，以及这种把书本知识与实践联系在一起的做法，对我们仍然有现实意义。不在实践中历练的人，是很难学到真正的本领的。毛泽东在《实践论》中说："实践、认识、再实践、再认识，这种形式，循环往复以至无穷。"在这个过程中，相信你将取得很大的进步。有了成长，相信你离成功也就不远了。

不经历风雨，怎能见彩虹。展翅飞翔在天空中的老鹰，必是经历了母鹰无数次将其推下山崖的痛苦挣扎，才拥有一对凌空的翅膀；瑰丽高雅的珍珠，必然经受过蚌的肉体无数次蠕动以及无数风浪的打磨之后，才能拥有那么璀璨无比的美丽。这个过程本身就是一种成长，也是一种成功。因此，不要害怕挫折，经验教训是另一种学习。让自己能累积和记住每一次失败的教训与成功的经验，为下次决策作参考。

成功的经验符合客观规律，具有直接的指导意义，能够鼓舞士气，坚定人的信心；失败的经验则能给人刻骨铭心的教训，有益于使人保持冷静和清醒。以史为鉴，可以知兴替，可以使人在工作中避免重复错误。乐亦鉴之，哀亦鉴之，前事不忘后事之师。

3. 培养一项专长，做一个领域的专家

人生成功的诀窍就是要善于利用自己的长处，而成长的要点就是努力经营自己的长处。微软公司总裁比尔·盖茨的最高文凭是中学，因为在哈佛大学他没读完就经营软件公司了。他及早发现了自己的长处，并果断地去经营自己的长处，这助他成了世界首富。

在广袤的草原上，一只小羚羊忧心忡忡地问老羚羊："这里一望无际，没遮没拦的，我们又没有锋利的牙齿，难道天生就要成为狮子、老虎的腹中物不成？"老羚羊回答："孩子，别担心，我们的确没有锋利的牙齿，但我们却拥有可以高速奔跑的腿，只要我们善于利用它们，即使再锋利的牙齿，又能拿我们怎么样呢？"

你也许相貌平平，也许一无所长，但你不应该自卑，也许在某方面你存在着惊人的潜力，只是你还没有发觉罢了。正视自己，更深层地挖掘潜力，相信天生我材必有用，是金子就一定会发光。

游鱼只有在水中才能找到自己的乐园；飞鸟只有在天空中才能自由飞翔；老虎只有在山中才是百兽之王；麻雀是林梢上的英雄，不适合住在笼子里；画家创作歌曲，味道总有些不对……世上万物依靠自己独有的特长在永恒的生存竞争中占得一席之地。假如抛弃自己的长处，就只能在生存机会的竞争中成为牺牲品。

在人生的坐标系里，一个人如果站错了位置，用他的短处而不是长处来谋生的话，那是非常遗憾的。

股神巴菲特的一个成功秘诀是：不投资自己不熟悉的行业。这也是成功人士的一个共同特点。无论是进行金钱投资还是智力投资，在自己熟悉且胜任的行业，相比较容易获得成功。

佐川清出生于日本一个富裕家庭，8岁那年，他母亲因病去世了。他跟继母的关系不好，中学没毕业，就赌气离家出走，到外面自谋生路。

最初，他在一家快递公司当脚夫。那时的快递公司一般没有运输工具，主要靠搭车和走路，对体力要求比较高，非常辛苦。

当了20年脚夫后，佐川清35岁了。他想，自己年龄不小了，应该拥有一份属于自己的事业。干什么好呢？别的行业他不懂，最好还是从自己最拿手的项目开始。于是，他在京都创办了"佐川捷运公司"。公司只有一位老板和一位员工，都是佐川清自己。公司的资产则是他强壮的身体。应该说，这是真正的白手起家，从零起步。

佐川清的优势是，他在这一行已有20年经验，知道怎样拉生意和跟客户打交道，也知道怎样把事情做好。渡过最初的艰难时期后，他成功地打开了局面。后来，他承接的生意越来越多，一个人忙不过来，开始雇用职员，还买了两辆旧脚踏车做运输工具。再后来，佐川捷运公司发展成一个拥有万辆卡车、数百家店铺、电脑中心控制、现代化流水作业的货运集团公司，垄断了日本的货运业，并且将生意做到国外，年营业额逾3000亿日元。佐川清本人也成为日本著名财阀之一。

在一般人看来，当脚夫是比较低贱的职业，不可能有出息。其实，天下没有什么低贱职业，只要你做得比别人更好，在任何行业你都能成功。如何比别人做得更好呢？勤奋与敬业必不可少，但只有这两条还远远不够，你最好把努力方向定在自己的强势项目上。

伟大的人物并不是每个方面都很优秀，只是在成长过程中，不断打磨自己的强项，并将最好的一方面发挥出来。成长大于成功，只有在时光流逝中慢慢地成长，并将天赋打磨成才能的人，才能获得最后的成功。

现代社会是知识经济的时代，已经不只360行，而是360万行，社会经济分工越细，做一个全才就越不可能，而且被取代的机会就越大。只有成为一个专业人士，才是增强自己优势与卖点的不二法则。

比如，要制作出一套办公家具，从原料的裁切到组装设计，需要一套非常繁复的流程。有一位在深圳专门制作办公椅滑轮的商人，只负责做整个流程的一个环节，而且做到了品质最好、成本最低的专业水准，结果成了全世界的座椅滑轮大王，全球市场占有率达到70%以上。

在选择工作时，你要着重考虑的一点是，能否在工作中培养自己的一项专长。

小蔡和小姜是同时进某电脑公司的计算机系硕士毕业生，小蔡坚持不放弃电脑网络专业，当了一名网络开发工程师，小姜则应聘行政助理，放弃了计算机专业。在日新月异的计算机领域，小蔡跟上了发展的步伐，三年后当上了网络工程主管，而小姜却忙碌于无休无止的行政事务，彻底放弃了计算机技术。开始时小姜的收入要高于小蔡，可后来还不及小蔡的一半，当然在公司的地位和作用也不及小蔡。

认清当前的发展状态，你在哪个领域有特殊才能，你想在哪个领域有特殊才能？寻找机会，学习一些特殊的知识和技能，无论以后是在新的工作岗位上还是在原有的工作岗位上，都可以更好地适应。

4. 别不把细节当回事

所谓细节，是指"细小的环节或情节"，或者是指"琐碎而不重要的小节"。细节决定成败，人们往往可以从细节中见微知著，细节之处往往让人有许多惊喜的发现。本来最平凡、最平常的东西，只要你稍加留心，便会从中发现很多更重要的东西。而且发现的东西越多，懂的东西越多，你就越能比别人做得好。

如果看不到细节，或者不把细节当回事，就会对工作缺乏认真的态度，对事情也只是敷衍了事。这种人无法把工作当作一种乐趣，而只是当作一种不得不受的苦役，因而在工作中缺乏热情。他们只能永远做别人分配给他们的工作，甚至即便这样也不能把事情做好。而考虑到细节、注重细节的人，不仅会认真对待工作，将小事做细，而且注重在做事的细节中找到机会，从而使自己走上成功之路。

很多事情看起来只是一些微不足道、不值一提的小事，但是这样的小事往往更能反映出一个人的做事态度。当别人不能踏实地完成这样的小事时，你做到了，并且做得很好，无疑给自己赢得了更高的分数。

年轻的瑞利发现，母亲每次端茶时，一开始茶碗在碟子里很容易滑动，可等到洒一点热茶在碟子里后，茶碗却像粘在碟子上一样，一动不动了。

这一现象引起了他强烈的好奇心。于是，他不断地进行实验、记录、分析，最终对茶碗和碟子间的滑动得出了这样的结论：茶碗和碟子看上去光洁、干净，实际上表面总留有手指头和抹布上的油腻，使茶碗和碟子之间的摩擦系数变小，容易滑动。当洒了热茶后，油分子被溶解了，碗碟也就变得不容易滑动了。在此基础上他又指出，油对固体之间摩擦力的大小有很大影响，利用油的润滑作用，可以减小摩擦力。后来人们就根据瑞利的发现，把润滑油广泛应用到生产和生活中。

茶碗在碟子里滑动可以说是司空见惯的现象，可瑞利却没有忽视这一司空见惯的小细节，而是透过事物的表象，努力探索其本质，最终发现了油对于润滑的作用。而在日后的科学探索中，瑞利也总是要求自己凡事多想想，不肯忽视任何特别的现象，因此他在科学的世界里越走越远。最终，瑞利因为发现氩气而荣获1904年的诺贝尔物理学奖。

这种不忽视小节，并能从中发现契机的能力，是科技进步的原动力。牛顿从苹果落地现象中发现万有引力；雷内克从孩子们的游戏中得到启发发明听诊器；瓦特看到茶壶盖被水蒸气的力量顶起而发明了蒸汽机……所有这些人的行为体现的都是细节能力。

"细致到点"。从细节中找到创新的机会，这是许多人成功的秘密。所以说，在激烈的市场竞争中，在这个讲求精细化的时代，细节能力往往能反映你的专业水准，突出你内在的素质。一丝不苟地做事可以体现细节能力，具有敏锐的洞察力也是细节能力的表现。所有细心认真品质下的行为，都可以反映出你的细节能力。

坚持做好每一件小事并不容易，需要一种持之以恒的精神。在通往梦想的路上，一定不要忘了形成注重细节的思维。细节能力会给你带来机会，也会带给你改变一生的好运。

细节决定成败。把握了细节，你才能洞悉未来的变化和发展，在千变万化的世界里，没有远见的人可以说将来很难有所成就。远见可以打开不可思议的机会大门，可以激发一个人的潜能。

李嘉诚说过，现在是市场经济时代，一个人不仅要有技术和知识，更重要的是要有分析能力。对市场没有一点敏感度的人，一个目光短浅、缺乏自己见解的人，注定要失败。

世界上真正的领袖人物，是在机会尚未来临之前，就能把握那些不具体的细节并有效加以利用的人，他们将这些理念转化为大楼、工厂、城市以及改善人们生活的事物。

比尔·盖茨看到了20年后"个人电脑时代"所需要的操作系统，说明了眼光的重要性。福特也预感到个人汽车时代的到来，为了这个宏伟的目标，他和员工全力投入，一起持续加班72个小时，这种激情带来了个人汽车时代的到来，同时他个人也获得了财富。

有了眼光还要注意它的价值，这需要分析你独到的眼光是不是具有价值，是不是具有可开发利用的价值，同时分析它的可行性。不是有了眼光就万事大吉了，也许当年能预测到个人电脑时代到来的绝不仅仅比尔·盖茨一个人，但是只有他做到了。

总之，分析细节的能力是一个人走向成功的一项基本素质。

5. 没有唯一的选择，只有适合你的选择

虽然说没有永远的职业，但职场却是永远存在，不光永远存在，且无比宽广。中国有句老话叫"三百六十行，行行出状元"。不过，随着社会化分工越来越细，中国职业兴替的周期也在不断加速。

据统计，中国目前已经有了1838种职业。也有专家论证，如果连同传统的职业，则共有两万多种，这中间不少是新兴的职业，并且还有逐年增加的趋势。每个求职者都可以在这个偌大的舞台上一显身手，尽情抒发生命的灵性，问题在于你是否能在改变观念的同时，勇于登台亮相，敢于施展拳脚。

有个女孩想做名出色的医生，于是，她通过自己的努力终于考上了不错的医学院。不幸的是，在一次实验性的手术中，女孩发现，自己竟然晕血。当看到医师的手术刀割出剖口，鲜血涌出时，她顿时头晕目眩，还没听清楚医师在说什么，就昏迷过去。

女孩认为，自己不能就此止步。为洗刷耻辱，弥补缺陷，私下里，她在实验室解剖青蛙、豚鼠。她戴上墨镜，想通过看不到殷红色的鲜血来缓解自己的紧张。可是，这也失败了。她闻到血腥的味道，也会出现晕血的症状。

学校建议，女孩修内科，这就不需要与鲜血和手术接触。可大家都忽略了一点，内科的病号也有咯血等症状。在一次到医院实习查房时，女孩

再次晕倒。这让女孩心灰意懒，休学回到家中，常常在卧室里一待就是一天，甚至想要自杀。

最疼爱女孩的祖母决定找她谈一谈。那天下午，祖母拿着从《国家地理》上精心找出的一摞图片，来到她的卧室。祖母一张张地把那些美丽的风景，展示给她看。

女孩不理解祖母想向自己表达什么。看完最后一张图片后，祖母抚摸着她的头发，柔声说："孩子，这个世界上不仅仅有罗马。只要愿意，你完全可以到达同样美丽，甚至更加美丽的地方。"

看着祖母温暖的目光，女孩哭了起来。泪水冲走了她之前对于理想的所有憧憬。无论什么原因，当自己与目标不得不擦肩而过，或者永远无法相遇时，强求只能是自取失败。当方向不对时，最好的方法就是半途放弃，重新开始。

女孩重新选择了一所大学。毕业后，她在报纸上看到关于风靡世界的芭比娃娃的讨论。粉丝们说，芭比的身体实在是太僵硬了，能活动的关节不多，眼睛不够大，与大家对她越来越像真人的期望相差太远。

女孩想起了组成人体的那些骨骼，想起了自己积累的知识。于是，她进入Mixko公司，完成了芭比娃娃征服世界之旅的重要一步。她发明了骨瓷环，让芭比娃娃更接近真实的人体，并赋予了芭比娃娃更宽的额头，更大的眼睛，更灵活、更多的活动部位。这个女孩，叫麦瑞。

麦瑞无法想象，那个曾经固执的自己如果坚持下去，现在会是什么样子。或者一事无成，或者遥遥幻想着自己的"罗马"，却永远无法到达。

改变心境，找到适合自己去实现理想的途径是很重要的。你喜欢唱歌，但未必能成为歌星，因为你可能不具备好嗓子。可是，你还可以选择更适合你的发展方向。演偶像剧的某个三线演员，一直很努力，却始终不得志，最后告别戏剧，在好几个城市开了多家连锁酒店，成为同行业的佼佼者。

"三百六十行，行行出状元。"谁说你非要做演员呢？这世上没有唯一的选择，而是要找到更适合你的选择。因为不一样的选择，就有不一样的人生。世界上不是只有"罗马"最美丽，前方更不是只有"罗马"，不是吗？

同样，选择适合的团队，在职场上也同样重要。

没有人能够在职场独善其身。因为你在任何一个地方工作都要融入一个群体。和什么样的人在一起，就会确立什么样的人生：和勤奋的人在一起，你就不会懒惰；和积极的人在一起，你就不会消沉；与智者同行，你就会不同凡响；与高人为伍，你就能登上巅峰；和有能力的领导共事，你才有更快升职的可能。

有个年轻人请教一位德高望重的智者："我怎样才能像李嘉诚那样成功呢？"智者告诉他说，有三个秘诀：第一个是为成功者做事；第二个是与成功者共事；第三个是请成功者为你做事。

很显然，对我们大多数人来说，这三个秘诀里最容易实现的还是第一个——为成功者做事。跟对人是成功的第一步。你要跟对领导，才是事业成功的基石！

雅芳护肤品公司CEO（首席执行官）钟彬娴，是《时代》杂志评选出来的、全球最有影响力的25位商界领袖中唯一的华人女性。在许多人心中，她就是个奇迹。刚出校门时，钟彬娴一无背景，二无后台，她应聘到鲁明岱百货公司做她喜欢的营销工作。

在那里，钟彬娴结识了职业生涯中的第一个贵人——鲁明岱百货公司历史上的第一位女性副总裁法斯。在法斯的提拔下，钟彬娴27岁就进入了公司的最高管理层。她和法斯一起跳槽到玛格林公司，不久就升到了副总裁的位置。钟彬娴觉得自己的发展空间有限，于是去了雅芳公司。

在那里，钟彬娴遇到了她的第二位贵人——雅芳公司的CEO普雷斯。由于普雷斯的欣赏和举荐，加上她个人的努力，钟彬娴最终坐上了雅芳公司CEO的位置。

如果你本身有能力，那么跟对人就会做对事，你的前程也会少走很多弯路，很快就能达到别人一辈子都达不到的巅峰。正所谓"压对牌赢一局，跟对人赢一生"，与高手对弈虽败犹荣，与他们在一起，每一天都会有无穷无尽的收获。他的成长也是你的成长，只要你有机会与巨人站在一起，你就成功了一半。

每个身在职场的人，在你上升的每一个阶段，都需要他人和团队的相助，只不过有时自己没有察觉。他们可能就是你的朋友、同事，或仅仅是萍水相逢的人。所谓朋友多了路好走，善待你周围的人，选择适合你的团队，人生之路就更畅通。

6. 想要平步青云，先要脚踏实地

当你选准了目标，确定了自己人生的主攻方向，仅仅只为成功拉开了序幕。因为通往成功的道路，坎坷会有，磨难也肯定数不清。这既是一条考验你耐心和恒心的漫漫长路，也是一条暂时没有鲜花和浪漫的枯燥之路。

有许多人刚起步时，兴致勃勃，觉得成功真可谓是手到擒来。但走了一阵子，他们没准会一个个败下阵来。因为这条路和他们的预想差得太远了，这条路上除了拼搏还是拼搏，距离理想中的鲜花与掌声还很遥远。

林源大学毕业后留学美国，专攻机械工程，回国后应聘于一家大公司，是同批进入公司的人中最为出色的一个。谁知过了没多久，他却辞职了。

这是怎么回事？林源苦笑一下说，自己是堂堂一名机械工程师，但现在好像不尊重知识，自己在公司的情况真的很让人沮丧。就说第一家公司吧，刚进去时竟然安排他下车间，这不是辱没了自己的才学吗？所以他一气之下愤然辞职，但接连换了几家公司，他都感觉不理想。他觉得现在的公司真是唯亲是用，而他在人际关系上一直处不好，所以觉得人家都没拿他当回事，这让他十分郁闷，感觉真是生不逢时。

想做大事，这没错，但做大事就一定得一亮相就要让所有的人欣赏吗？

有雄心当然是好事，但再有雄心你也得从第一步做起。你觉得你才高八斗，可以统领一个公司。但作为公司老板，在对你没有百分百了解透彻之前，他敢把公司交给你吗？把你安排在最低微的位置，并不是轻看你的能力，而是让你从基础做起，我们能做的就是一步一步地脚踏实地。

再高的理想，再大的志愿，你都得脚踏实地，你都得从小处做起，并一步一步攀到高峰。

早有人对某些空有大才却不成功的人做过调查。调查发现，这些怀才而不成功的人，大多有一个通病，他们恃才而浮，眼光过于高傲，不懂得从小事做起，严重犯了"高不成，低不就"的错误，从而使自己很难成功。

樊青因为家贫而没有出国留学的机会，大学毕业后就进了一家普通的公司。刚进公司那会儿，他拖地、擦桌子、打扫卫生，几乎就像一个勤杂工。去看望他的同学都替他难受，纷纷劝他跳槽，再找一家好的公司。但樊青却淡淡一笑说："这算什么，就当锻炼身体了，凡事都得有个适应的过程"。

三年后，樊青脱颖而出，成为他们科室的掌舵人。而老板提升他的一个重要依据就是：如此肯脚踏实地苦干的人，必定会做出成绩来。

只有脚踏实地，才能平步青云。任何成功都不是天上掉下来的馅饼，不从最底层做起，如何才能到达最高处？

美国哈佛大学曾经对50名有明确目标和志愿的学生进行跟踪调查近10年，发现最后成功的仅有20名，而其他半数的人则因为感觉现实和理想不符而改弦更张。调查最后表明，其实他们遇到的困难并不是多么大，而是他们都缺乏坚持到底的决心。

丘吉尔曾经说过：要问我成功的秘诀，我有三个，第一是绝不放弃，第二是绝不、绝不放弃，第三是绝不、绝不、绝不放弃。

因为坚持，所以成功。而你虽然有宏图大志，但在面临一点小小的困难时就觉得前途灰暗，那跟没立志愿有何区别？

因此，当你下定了决心要做出一番事业时，你同时也应该下定另一种决心：从最低处做起。一步一步迈上去，才会有更扎实的基础，也才更有可能会走向成功。

第四章

青春之路越走越窄，人生之路越奋斗越宽

人的一生绝不可能是一帆风顺的，成长过程中有成功的喜悦，也有无尽的烦恼；有波澜不惊的坦途，更有布满荆棘的坎坷与险阻。当苦难的浪潮向我们涌来时，我们唯有与命运进行不懈的抗争，才有希望看见成功女神高举着的橄榄枝。

古人云："天将降大任于斯人也，必先苦其心志，劳其筋骨，饿其体肤，空乏其身，行拂乱其所为，所以动心忍性，增益其所不能。"挫折是锻炼人意志的良师。与逆境搏击，它会激发你身上无穷的潜力，锻炼你的胆识，磨炼你的意志。

也许，身处逆境之时你会倍感痛苦与无奈，但当你走过困苦之后，你会更加深刻地明白，正是那份挫折给了你人格上的成熟和伟岸，给了你面对一切无所畏惧的胆魄，以及与这种胆魄紧密相连的面对苦难的心态。

1. 怕苦会苦一辈子，不怕苦只会苦一阵子

在现实生活中，没有人不追求和向往美好，但老天好像就是要与人作对似的，总是在人生的道路上布满坎坷，总是不让人一帆风顺，总是让各种各样的挫折在不经意间横亘在成功的路上。意志薄弱者遇到困难时，便心灰意懒、顾影自怜、怨天尤人。而意志坚强者，则坚信人生没有过不去的坎，往往是越挫越勇，从哪里跌倒再从哪里爬起来。

美国有一种家喻户晓的美食叫"琼斯乳猪香肠"，在它的发明背后有一段感人泪下的与命运作斗争的故事。该食品的发明人琼斯原来在威斯康星州农场工作，当时家人生活比较困难。他虽然身体强壮，工作认真勤勉，不过从来没有妄想发财。可天有不测风云，在一次意外事故中，琼斯瘫痪了，躺在床上动弹不得。亲友都认为这下他这一辈子可交代了，然而事实却出人意料。

琼斯身残志坚，始终没有放弃与命运作斗争。他的身体虽然瘫痪了，但他意志却丝毫没受影响，依然可以思考和计划。他决定让自己活得充满希望、乐观、开朗些，做一个有用的人，而不是成为家人的负担。他思考多日，最终把构想告诉家人："我的双手虽然不能工作了，但我要开始用大脑工作，由你们代替我的双手，我们的农场全部改种玉米，用收获的玉米来养猪，然后趁着乳猪肉质鲜嫩时灌成香肠出售，一定会很畅销！"

老天不负有心人，事情果然不出琼斯所料，等家人按他的计划做好一切后，"琼斯乳猪香肠"一炮走红，成为人人知晓、大受欢迎的美食。

天无绝人之路。生活丢给我们一个难题，同时也会给我们解决问题的能力。琼斯能够成功，是因为他坚信人生没有过不去的坎，坚信冬天之后有春天。他在困难面前没有低头，没有被挫折吓倒，而是另辟蹊径，终于迎来了属于自己的成功。

人生的道路充满荆棘与坎坷，但生命是美丽的，生活是美好的，我们应该笑对坎坷。生活中不可能总是阳光明媚的艳阳天，狂风暴雨随时都有可能光临。但只要我们有迎接厄运的勇气和胸怀，在打击和挫折面前不低头，跌倒了再重新爬起来，将自己重新整理，以勇敢的姿态去迎接命运的挑战，只要我们坚信人生没有过不去的坎儿，就一定能走向辉煌。

环境对人的影响巨大，草木不经霜雪则根基不固，人不经忧患则德慧不成。什么样的环境，造就什么样的人。如果不懂得适应环境，就会像温室里的花朵，一旦移出室外，必定枯萎而死。

很多人都曾抱怨："成功实在太辛苦了。"其实他们说得没错，成功非常辛苦。可是你想过吗？失败更辛苦。因为成功者辛苦一阵子，就能够改变不幸，然而失败者却要辛苦一辈子。从这个意义上讲，失败者的"毅力"比成功者更坚强，因为他们是在忍受一辈子的辛苦。成功者往往不能忍受这一辈子辛苦，所以他们才迫不及待地追求成功。

怕苦会苦一辈子，不怕苦只会苦一阵子。可以说你如果能在一阵子当中把你一辈子能吃的苦都吃下去，接下来你就能享受成功的果实了。然而如何快速浓缩你的苦一次吃完呢？那就是不断地行动，不断地忍受失败，不断地忍受嘲笑，不断地接受被泼冷水，不断地接受打击，然后还能接着行动，这就是成功者在成功之前所要经历的事情。

美国知名的女明星麦当娜，她年轻时梦想成为摇滚明星，于是打算在好莱坞找一份表演工作。开始时她经济困难，穿的衣服三个月都没有换，天天在垃圾桶里面捡别人的剩饭吃，终于她找到了可以让她上台表演的工作，一朝成名，成为举世闻名的歌星。

人生之路就像爬坡比赛，不进则退。在完成一个课题之后不久，下面的课题又会接踵而来，如果不扎扎实实地不断努力，你就会频频遭遇失败。甚至可以说，成功人士与非成功人士的分界就在这一点上。在人生的初期阶段没有付出充分努力的人，是不太可能成功的。

很多年轻人会觉得干什么事情都比做工作有意思：看电视、买东西、聚在酒吧，哪怕待着也好。不难想象这类人能做多少工作。然而，许多人拥有比在工作岗位上的成功更重要的人生目标。如果你强烈地希望成功，那你必须记住，在年轻的时光里，比起玩来，对工作要更感兴趣才行。不能在必要时拼命努力的人，是难以获得成功的。

2. 挑战困难，逆境是给奋斗者的恩赐

在现实生活中，很多人遇到困难的第一反应就是觉得命运不公，觉得人生失去了颜色，觉得世界都背叛了自己，其实，困难并不可怕，甚至于，所有的困难和逆境都是人生一笔巨大的财富，如果面对困难选择了退

缩，那么在成功的路上，将寸步难行。

俗话说：大磨得大道，小磨得小道，不磨不得道。这句话包含了很多的真理，我们想要改变自身的气质，就要敢于面对各种困难，这才是成功的基础。

面对困难，我们不能一味想着逃避，或者希望一切都会变好，反而，我们应该鼓起勇气，一点一滴地去培养自己的耐心和意志，只有这样才能克服这些困难。

困难很容易给我们带来负面情绪，但是如果我们看不清楚他们的本质，无法看透他们的实质，那么我们就无法真正地克服困难，无法自主地掌控我们的情绪和生活。

因此，如果一个人不能学会调整自己的情绪，那么就无法克服困难。人一旦处于困难之中，就会真切地体验到种种痛苦的感觉，才会拥有主宰自我的能力，以后再遇到其他困难，我们就不会轻易退却，反而能够积极主动地迎难而上，应变自如。

如果在遭遇困难的过程中，我们总是认为"命运不公"，那么我们的身心就会发生很严重的自我冲突，就会经受不住磨砺，到最后无法摆脱困难。

相反，如果我们能认识到磨砺能够促使我们成长，那么那些在其他人眼中看起来避之不及的困难，在我们眼中也就甘之如饴了。

有人说："一个人的成就大小往往取决于他所遇到的困难的程度。"这句话说得没错，我们在生活中会发现很多这样的例子，奥巴马是美国历史上第一位黑人总统，对于他来说，黑人想在政界做出一番成就是十分困难的，但是他成功了，而且还当上了总统。越王勾践面对强大的吴国，他想要复仇夺回自己的国家，无疑也是困难的，但是他卧薪尝胆，最终不仅夺回了自己的国家，还消灭了吴国。他们敢于挑战困难，敢于奋斗，所以获得了成功。

美国有一位叫阿费烈德的医生，因为工作关系，他经常会解剖尸体，但是解剖尸体的过程中，他发现了一件奇怪的事情，那就是一些患病的器官并没有人们想象得那么脆弱和糟糕，相反，有心脏病的病人的心脏十分强壮，而有肾病的患者的肾脏也比正常人的肾脏更加强大。这引发了阿费烈德的好奇心，他针对这一现象进行了研究，最后得出答案：那些器官在与疾病的斗争中为了抵御病变，不断地强健和壮大，所以最终往往都会比正常人的器官更加健壮。这一现象在人类所有的器官中都存在。

因此，他撰写了一篇极具影响力的论文。他认为"假如有两只相同的器官，那么当其中一只器官死亡之后，另一只器官就会努力地承担起全部的责任，从而使健全的器官变得强壮起来。"后来，他在给学美术的学生看病的时候又发现了一个类似的现象，那些学习美术的学生大多数视力都不好，有的甚至是色盲。他此时觉得这些病理现象在社会现实中有所重复，于是他把自己的思维发散到了更为广泛的层面。

后来，他通过对一些颇具影响力的艺术教授进行调查更加坚定了他的想法。这些教授中有相当一部分人在生理上有缺陷，但是缺陷非但没有阻挡他们对艺术的追求，反而促进了他们在艺术道路上获得成功。

阿费烈德将这种现象称为"跨栏定律"，由此定律可以解释我们生活中的很多现象，比如那些失聪的人往往拥有灵敏的视觉与嗅觉、那些残疾的人往往拥有更强的动手能力，一切如同早已注定，如果你没有遇到过这些，那么也就无法得到这些。

一个人如果有缺陷那就是上帝要给他其他更好的东西，一个人遇到困难和挫折，也是上帝要赐予他更大的成就，关键就在于是否能够正确地对待，是否敢于奋斗。人生在世，不可能一帆风顺，也不可能事事如意，当你遭遇挫折时，当你一无所有时，当你的问题看起来似乎没有办法解决时，你应该怎么做？你会让困难就这样轻松地打败你吗？

不会，我想任何人都有敢于挑战的勇气和实现梦想的渴望。问题的大小决定了答案的大小。百炼终成钢，我们要学会把缺陷变成优势，障碍和挫折让我们变得更加强大。在英国有这样一句话："如果这件事情毁灭不了你，那么他将会成就你。"

困难并非是绝对的，它对于缺乏勇气的人来说或许是万丈深渊，对于有着不屈精神的人来说却是提高自己的机会。疾病也是如此，它使弱小的器官受损毁灭，让强大的器官更加强大，让人类的抵抗能力更加顽强。

霍金全身上下能动的只有手指，其他部位全部瘫痪，但是就是这样他依然靠着自己的思维想出了无数的科学观点，被人称为另一个爱因斯坦；司马迁被皇帝加以宫刑，但是他在狱中创作出了有"史家之绝唱，无韵之离骚"之称的《史记》；贝多芬双耳失聪，但是却奏响了命运的交响曲；爱迪生的双耳也有缺陷，但是他却成了人类历史上最伟大的科学家之一，而正是这些缺陷使他们自身变得更加强大。

人生道路中总会遇到失败和挫折，我们可以选择在这些困难和挫折之中吸取教训准备下次冲击，也可以选择任由这些失败和挫折把我们击垮打入万丈深渊。我们是否能够超越自己，迎来辉煌的明天，最重要的就是我们对待挫折的态度，只要有执着的信念、不屈的精神，我们就能够走得更久、更远。

生理上的缺陷可以毁灭我们，同时也能让我们变得更加强大。对于那些阻碍我们前进的荆棘，我们就要把它编织成迈向成功之路的草鞋。能否变得强大关键就在于我们对于那些挫折、苦难、缺陷是一种什么样的看法。如果你自暴自弃，那么你的人生也将会是一片黑暗，而如果你坚强地面对这些缺陷，把他看作上帝给你的礼物，那么你将体会到这些缺陷带给你的其他一些东西，振作起来，重新出发。

宝剑锋从磨砺出，梅花香自苦寒来。我们只有磨砺自己不屈的意志，才能打倒一个又一个的困难，而要想成功只能进行更多的磨炼。困难不可战胜的原因有百分之八十来自于自身，只有百分之二十来自于我们所遇到的问题。战胜困难的第一步就是战胜自己，当我们从内心深处坚信自己可以战胜一切困难时，我们才可以称得上是奋斗者。

3. 避免失败，比追求成功更重要

在我们的个人成长过程中，自上小学开始，教科书和老师们就列出了许多伟人和成功者的事迹，以鞭策和鼓舞后来之人。因此我们从小就学会了把成功者的成就作为自己的奋斗目标，有些人还遵循成功者的模式，以此构筑自己的未来。

当然，发挥成功者的楷模和示范作用，这种做法并没什么不好，因为人们总是需要看到成功的"希望"，并以此作为学习的榜样，鼓舞自己。但如果一切向"成功者"看齐，就可能使有些人坠入一种幻觉当中。他们认为自己也可以成功，而一旦自己难以获得成功时，就感到命运对自己不公，并责问："为什么他们可以成功，而我却不能呢？"

一个人的成功是多种因素的组合，不可能一蹴而就。另外，某一位成功者的成功模式并不一定适合其他人，因为每个人的个性、主客观条件不同。

因此，以成功者为师，应该有一定的选择性，你不可能学习每一位成功者，也并非所有成功者的经验都值得你去学。你可以学习某人成功的一些方面，但不必全部照搬。

有一位企业家，从创业开始，他就仔细观察同行以及其他行业的失败案例，并分析其原因，不断地从别人的失败中吸取教训，他不但创业顺利，而且发展得迅速而又稳定。他认为，一个企业的"存在"比"壮大"更重要，首先要"存在"，才可能"壮大"，如果仅仅为了"壮大"而推动"存在"，那就失去了创办企业的目的。更何况失败总是让人痛苦的，如果多次失败，更有可能永难走向成功。从这个角度讲，"避免失败"比"追求成功"更重要！

细想一下，这位企业家的想法不无道理，这也是人们经常听到的一种逆向思维。任何失败都有其原因，不论是主观因素还是客观因素。不过，要了解失败者的失败原因不太容易，因为失败者往往不愿意谈论自己失败的过去，他们认为这样会暴露自己的无能。如果你找失败者本人谈，他大概也不会告诉你真相，他只会告诉你，他的失败是因为经济不景气、朋友拖累、银行紧缩，或是被出卖、被骗……属于他个人的能力、判断、个性上的问题，他是不会告诉你的。何况有些失败者根本不知道他失败的原因。因此，要了解失败的原因，你得多方收集资料，参考专家的分析、同行的看法，至于这位失败者的个人条件，可从他的朋友那里多加了解。

当资料收集够了以后，再把它们一条条列出来，仔细分析，并归纳成几个重点。不过，并不是了解了就算完成任务了，必须把你所观察、分析到的拿来检验自己，和失败者的一切做个比较对照。如果你的个性、能力及其他主客观因素都和失败者具有相似之处的话，那就要提高警觉了。你需要对自己弱的地方要加强，不好的地方要加以改善，这样你就可以避免犯与失败者同样的错误，成功的概率自然大大提高。

一位失意的小伙子来找大师诉说他的遭遇。他在职场遭遇别人的排挤和打压，实在混不下去，便辞了工作出来做生意。结果生意失败，所有的积蓄都没有了。他不服输又向朋友亲人借了一些钱，从一个药材商那里进了几箱冬虫夏草，希望能借此翻身，谁会料到，冬虫夏草竟是假的。

"我怎么就这么倒霉？什么坏事都让我碰上了。请您指点我一下，接下来我该怎么做？"小伙子哭泣着问大师。

"成功有三个秘诀，下定决心，再下定决心，还是下定决心！"大师给了他一个简短的答案。

小伙子似懂非懂，回去不久后他又回来了。原来他下定决心要将那些"冬虫夏草"卖掉，但是最终不但没有成功，还遭到了别人的一顿暴打。

"如果你真下定了决心，怎么还会失败呢？失败只能说明你下的决心还不够大或不正确！"大师说。

无论我们做什么，一定要下定正确的决心。下定正确的决心就是把"我可能做到"变成"我一定能做到"；就是3分钟能完成的事情绝不用3分零1秒完成；说能办到一件事情，无论多艰难都一定要办到；不把自己的承诺当空气；斩断自己的退路，让自己背水一战。

如果你是一个受人打压的人，无论你目前的状况有多糟糕，有一点是值得庆贺的，那就是你是优秀的、有能力的、有发展前途的，与他人那种隐形的潜力相比较，你的潜力已经彰显于人前，并给他人带来了危机感。

所以，通过别人的打压，你可以确定自己在能力上没有问题。那你到底缺什么？缺的就是一个能真正赏识你的人和一个可以让你抬头的机会。也许你对自己的才华相当有信心，自己被埋没自然是满心委屈，等待对你来说也是一件苦差事。但是，你一定要相信等待只是暂时的，你会等来自己的春天。

一位小伙子要考研究生，报完名后发现需要看的书太多了，报考时的热情一下子消失殆尽，心想这么多书几时能看完。于是他就开始打退堂鼓，想着要不考公务员吧！可是查询发现一个职位竟然有上千人竞争，这么多人，自己肯定考不上。于是他又想，干脆还是考研吧！学习了一阵发觉要看的东西实在太多了，又开始担心看不完。如此翻来覆去，时间一天天浪费了，最终研究生没考上，公务员考试也耽误了。

上千个名额中最终总会有一个人考取这个职位，为什么考取的人不是自己，而是他人呢？考研的书多，那就抓紧时间看，几本资料难道真的就看不完吗？只不过，很多时候，我们要么下定决心太晚，错过了最佳时间；要么决心下得不够，于是就会出现这样那样的消极思想。如果你都认为不会成功了，那现实的结果自然很难乐观。

4. 奋斗的青春，就是为了梦想

每个人都拥有梦想，但是可以实现自己最终梦想的人却少之又少，这是为何呢？因为梦想需要行动，人生需要奋斗，当我们一个人只有梦想而没有奋斗的动力与激情时，梦想就变为了遥远的幻想，人生就变得灰暗，生活就失去了趣味，自己的存在就失去了意义。然而，追寻梦想与寻找奋斗的动力并不困难，只要我们明白梦想就在我们身边，梦想是我们触手可得的生活时，我们就可以重燃奋斗的激情与动力。

人生的激情是无处不在的，我们可以在任何时候任何地点寻找到奋斗的激情。正如李白所说："长风破浪会有时，直挂云帆济沧海。"这种豪爽就是对人生追求的一种体会。正如我们丰富多彩的人生无需衬托与掩饰，一种自然的意气风发由内而出。只要我们还有为人生奋斗的激情和动力，那么我们的人生依然精彩无限。

"我知道被遗忘的感觉，失去人性的感觉，但最重要的是，我知道浴火重生并开始一个全新生活的感觉。"这是伊斯梅尔·比亚在《长路漫漫》中的经典名言，这种人生感悟来源于一种重燃人生奋斗激情的喜悦，我们想要展示给他人的是，任何一个人都有消沉、堕落的时候，但是只要我们重燃斗志，人生依然可以恢复色彩。

人生之所以美丽，不是因为它中途的收获，不是因为优越的享受，而是因为它长存的斗志。这一道理需要很多人长时间的参悟，甚至有些人最初并不会有任何感触，但是当他们迷惘过后，沉沦过后，就更可以感受奋斗的乐趣。

假如，我们是被遗忘的人，生活在社会的阴暗角落，我们看到了太多的痛苦与不公，我们应该怎样？是苟且偷生，还是愤然崛起？相信很多人都会选择后者，但是却有很少人以后者的方式而行动，当失败、挫折经历过一次、两次之后，就会失去奋斗的动力，把外界带给他们的不公与痛苦默认为人生中应当承受的一部分。这种意识促使我们继续选择平庸和沉沦，这种意识导致了我们长久的失败。

这就是人生的精彩之处。在我们看来，我们所需要奋斗的全部是从他人的角度出发，是我们人生境界的一次升华。其实不然，我们所需要奋斗的恰恰是我们身边感触最深、距离我们最近的人生目标，也是我们体现人生色彩的方式。

其实，失去是一种奋斗的动力。很多人讨厌失去，讨厌一切与失去相关的东西。然而他们在失去之后选择了一种逃避的方式，这种方式让他们失去了更多。

失去是一种自身不足的警告，可以让我们明白奋斗的重要性。有些人会抱怨，我们身边的资源匮乏，土地贫瘠，无论我们怎样努力都无法改变现状，正如那些无辜的非洲难民，他们也不想天生贫困，但是他们无法选择。

这种思想是错误的，一个贫瘠的人更应该学会奋斗，懂得挣扎，也许我们先天不足，但是后天是可控的，是我们可以左右的。奋斗不是我们拥有多少资源，奋斗是我们争取让更多资源可以为我们所拥有的过程。因此，失去也是一种奋斗的动力，而且是孜孜不倦的奋斗动力。

拥有是对奋斗的肯定。有些人天生富有，这种先天资源令他们失去了奋斗的理由，让他们学会了挥霍。这并不是谁的错误，是一种生活环境所影响的结果，因为他们不懂得一切来得可贵，所以他们不理解奋斗获取的乐趣。

那么这些人是不是无须奋斗呢？当然不是，他们所需要为之奋斗的更多。贫穷的人为了拥有而奋斗，富有的人为了守护自己现在拥有的、博得未来更多的而奋斗。我们经常可以听到，一些富有的人最终失去了一切，而导致这一结果的却是他们宠爱的孩子。这就是一种不懂得奋斗的结果。

这也是非常现实的问题。现在拥有的全部是奋斗而获得的，这就是对奋斗的肯定，这就是我们需要继续奋斗的理由，如果现在拥有的是我们失去奋斗动力和激情的理由，那么只能说我们正走在失去的道路上，而且速度飞快。

在日本有一位著名的内阁大臣，名叫野田圣子。年轻时，刚刚大学毕业的野田圣子所经历的第一个实习工作相信很多人都猜不到。当时野田圣子虽然进入了一家日本非常著名的饭店——帝国饭店实习，但是工作岗位却是打扫厕所。和她一同分去的还有其他高等大学的高才生。当时很多人都以能进入帝国饭店工作而感到荣幸，但是当得知工作岗位是打扫厕所的清洁工时很多人都选择了退出，虽然野田圣子选择了留下，却心里同样存在不甘。

"为何堂堂日本著名大学的高才生要在这里打扫厕所呢？这家企业虽然是百年名企，但是也不应该如此小看人啊，我们的能力在这里是得不到发挥的，我们的人生意义怎么可能在厕所内得以体现呢？"野田圣子曾不止一次地这样想过。

怀着这种心情，野田圣子每天工作时都非常不高兴，和她一样的其他实习人员非常多。在他们的口中每天只能听到抱怨，嫌厕所太脏、太臭、太恶心，更多人没坚持几天也纷纷退出了。

当野田圣子同样想到辞职时，她却遇到了一件不可思议的事。那一天，野田圣子已经写好了辞职申请，并决定在完成当天工作后就递交上去。当时她和其他实习生打扫的厕所虽然表面清洁，但实际上却有很多边边角角存在不足，当时抱怨的心使得她不再注意这些细节。可是当天野田圣子看到，带领她们打扫厕所的资深清洁工，用杯子在马桶里舀了一杯水喝，一位来饭店消费的客人同样用马桶里的水漱口。

野田圣子非常诧异这一举动，并感到恶心，为什么她们要这么做呢，难道如此的饥渴？这位资深的清洁工看到野田圣子的表情后，对她笑了笑说道："我知道你很奇怪我的举动，但是这里的清洁工和这里的老客人是可以理解的。我的举动并不违反常理，因为我对自己的工作非常热爱，并且对工作质量非常有信心，我相信我打扫过的马桶一定是非常干净的，里面的水也是可以放心饮用的。不仅仅是我，还有我的同事，这里的老客户，都深信这一点，他们也都放心喝过这里的水。"

这句话深深地震撼了野田圣子。一个人把工作做到这种程度，对工作热爱到这种程度，是非常不可思议的。而且她还改变了更多人，要知道到帝国饭店消费的人群全部是日本高层次人群，甚至很多是国家领导人物，然而这些人却相信马桶里的水是可以饮用的，这是一件多么令人震惊的事。

面前这位面带微笑的厕所清洁工可以改变国家领导人物对常理的认知，改变这些人的作为，这又是一件多么奇特的事情。

随后，这位清洁工又说道："我知道你可能无法在短时间内理解，但是我想说的是我既然选择了这份工作，就要令这份工作变得有意义，变成我生命的意义，也许你还不知道，自从我来到这里以后，你们实习工的考核项目就是我刚才的行为，只有你们做到让任何工作变得有意义，让自己变得有价值，你们才可能留在这里。"

听完这席话，野田圣子突然感觉世界变了，一切都变了，这份工作不再不符合自己的身份，厕所也不再臭了。于是她扔掉了辞职信，转身回到了自己需要打扫的卫生间，开始重新打扫。

最终野田圣子通过了考核，当考核官看到和野田圣子一起工作的同事听到考试题目为喝下野田圣子打扫过的马桶里的水时，没有一个人露出为难的表情，并非常平静地喝掉了马桶中的水，全部给予了野田圣子满分的成绩。

时至今日，帝国酒店还保持着这种传统。每当野田圣子提及此事时都会说道："喝马桶里的水听起来也许违反常理，但是它让我明白了一个道理，任何人、任何工作都有它存在的意义，这些意义就是我们生命的意义，当我们可以改变他人的认知，改变他人的行为时，我们生命的意义才得以体现。"

千万不要说找不到生命的意义，任何人、任何事必然存在它的意义。只有我们忠于其中，为他人带来改变之时，意义才得以彰显。生命的意义可以从每一个角落体现。换而言之，展示生命的意义无需多大的舞台，无需耀眼的闪光灯，无需他人的吹捧，只需要我们为这个世界带来改变。

5. 一次行动，抵得上百遍空想

一个人每天不停地向上帝祷告说："让我发财吧！让我发财吧！让我中五百万大奖"。看他求了好多天都没有实现愿望，一个天使去问上帝：

"你是最仁慈的主,为什么他求了你这么长时间,你都没有满足他呢?"上帝很无奈地说:"他想中五百万大奖,好歹他先去买张彩票呀!"

这真让人喷笑。是呀,你想要中奖,却怕白买了彩票而迟迟没有行动,上帝就是想帮你,也没有帮你的机会呀!

在生活中,这样的祷告者很普遍,他们渴求成功,但又害怕失败,所以徒有想法,而没有实际行动,自然,成功永远不会光顾。光有想法,没有行动,除了毫无意义地浪费你的脑汁空想一番,还会白白浪费你的时间。

比如一个学生,想要考出好成绩,唯一的方法就是努力勤奋地学习。既不勤奋也不付出,即使心里念叨一万遍想有好成绩,也只能是空想。同样,一个商人,想让自己富甲天下,那么就得拼命去赚钱。光坐在家里空想,想破了脑袋,天上也不会掉下一分钱来。

许多人总是感叹机遇的稀缺,感叹自己没有遇到过好的职位。其实,把感叹的时间用来努力创业,改变自己的现状,恐怕机遇早就抓在手里了。光有想法,没有行动,再完美、再伟大的计划,也只是一纸空文,它是成功者的大敌。

行动是成功的保障。有了好的创意,加上行动,成功自然就会接踵而来。就如登山,你动作麻利,走得越快,自然就会攀得越高。自古以来,没有哪个人的丰功伟绩是坐在屋子里想象出来的,也没有哪个将军的赫赫战功是坐在军帐里想象出来的。

著名的海尔公司,在1988年到1997年的9年时间里,先后兼并了青岛电镀厂、空调厂、冷柜厂、红星电器厂,武汉希岛公司等15家企业,可谓战果辉煌。在做着这些的时候,海尔的决策层同样会考虑到市场风险,因为多兼并一家企业的同时,就要把它的风险一并兼并过来。虽然担忧,但并没有阻碍它前进的脚步,在走着的同时,遇到困难及时解决,才有了后来的巨大成功。

正是这些大手笔，使海尔公司完成了集团的产业布置和区域布局，取得了明显的经济效益。如果公司老总瞻前顾后，前怕狼、后怕虎，那么，公司也不可能大阔步地走向世界，家喻户晓。

因此，行动永远是成功的保障。徒有想法，充其量你只能算个思想家。而有了行动，成功才肯与你握手。一次行动，抵得上百遍空想。看准了就一定要行动，因为只有这样才不会让自己和成功失之交臂。当你有了一个创意，或者看好一个项目，虽然前景美丽如画，但你迟迟不敢起步，再宏伟的蓝图，也只能是你想象中的一座海市蜃楼。所以，只有行动起来，你才会走向成功。

许多人创业初期都会遇到这样的情况：你为自己设计好了未来，也规划好了所有细节，但却迟迟没有行动。因为你有顾虑，你害怕一着失算，满盘皆输。

因为恐惧，你失去了一次又一次机会，只在心里一遍又一遍地和自己的理想较劲，却就是不敢踏出迈向成功的第一步。

"万事开头难，每一件事都需要仔细斟酌"，总是给自己找着这样的借口，放纵自己的懒惰思想和消极情绪。

好多年轻人都有这样的经历，不是没雄才，而是没雄胆。总是害怕一步走错，会给自己带来无法挽回的失败和损失。

其实，想象和现实，永远存在着不可逾越的距离。任何事都有第一步，而这第一步，当你真正鼓足勇气迈出去的时候，就会发现，原来并不如想象的那般难。原来只要肯抬起腿，迈出第一步竟是如此轻松容易。

有两个和尚住得不远，就相约一起去云游。因为路途遥远，一个和尚回去后就开始着手准备。他准备好了干粮，又开始准备路上需要的饮水，准备好了饮水，又想着路上万一发生意外，也得备一些药物以及防身用的东西。但准备好了这些，他又想起其他可能出现的情况……就这样，一直准备了好长时间，他也没能把所需要的东西都准备齐全。而看着堆积如山的所需物品，他简直为难死了，带着这么多的东西，走起路来那还不得累死？正在这时，他的同伴走了进来，他无奈地对同伴说："你看，我们要不要再准备辆车子，驮着这些东西？"同伴呵呵一笑说："我看不必了，因为我已经云游回来了。"

"你都回来了？我还没动身呢？天哪，你太能干了，快告诉我，你都准备了什么？走得这么顺利？"这和尚一迭声地问。同伴呵呵一笑说："我走遍天下的行李很简单，就一双脚，一张嘴，一根拐杖。"

虽然这只是个故事，但从故事中我们可以看出，只要你付诸行动，那么，迈出第一步就很简单。职场和商场也是如此，很多时候就是一些想象出来的艰难琐碎，阻止了许多人创业的脚步。把一些事情无限度地往后推，错过一次又一次的创业机会，而等到满头白发时，却仍一无所获。迈出第一步并不难，难的是你要戒除自己心里的畏惧。

世上原本没有路，走的人多了，就成了路。别人都能勇敢地走出第一步，自己为什么不能？自己的路必须得自己走，再难再坎坷，无人可替代。因此，戒除心里的畏惧，让自己勇敢地迈出第一步，是你走向成功的必需。

第五章

为什么我们努力奋斗,却远离成功

你可能不知道,你的人生很多时间都用在"浪费"上了,用一系列的无用功堆砌出了一个"努力"的假象。

你最好相信:你对某一方向的执着、你没有方向的攻关……说白了,是没有任何意义的。也许只有塞牙缝大小的事,你却为了一根"小牙签"大费周折。

你的努力有时候是错误的、没有意义的。如果你执迷不悟,非要坚持下去,就真的是浪费时间。而且,处理问题不灵活,墨守成规,也是做事没有成效的重要原因之一。

你有没有反省过:你到底做了多少无用功?

1. 起步之初，就要明确地找准路

在生活中，有些朋友经常会有这样的情况：好不容易到了节假日，很想放松一下自己，于是，匆忙打点行装，要到某个著名的景点去游玩。但当自己背起行装走出家门时，才发现自己对那个景点根本就是一无所知，甚至该怎么合理安排这次行程，都不太清楚。

这样的情况并不罕见，这就如许多初入社会的人，想做一番事业，但却对自己的未来没有一丁点儿的打算，也没有方向和目标。这样的人，如果再这样继续下去，他们的人生就肯定会变得越来越盲目。

在生活和创业中，还会有这种情况发生。比如在遇到困难时，不同的人会有截然不同的态度。有些人面对困难，是"明知山有虎，偏向虎山行"。他们会想方设法排除困难，让自己坚持走下去；还有些人，他们在遇到困难时，会做出"识时务者为俊杰"的举措。他们面对困难，会非常聪明地绕道或者改变路程。

两种态度决定了两种人生。

对人生或者事业，没有一个充分的准备和打算，不知道自己想要什么、该怎样走，是一个致命的错误。因为没有目标和打算，就找不准自己的路。心中无路，想要成功，无疑是痴人说梦。

因此，有计划地给自己的人生作一个规划，找准一条要走的路，是减少你在创业路上少走弯路、直通成功的必要条件。而因为有了人生规划，有了目的地，你做事就会有条不紊，井然有序。因为目的性非常强，你不会让自己旁逸斜出，而是专心致志地奔着目标而去，这样的行动，成功当然会指日可待。

当然，想要找准自己的路，还得有选择性。别以为自己精力充沛，可以同时兼顾。当你面前横着好几条路的时候，你觉得这几条路都适合走，但是先别急着走，因为如果不用心选择一条路的话，你很有可能是在白白让自己浪费精力，做无用功。脚踏两只船，尚不能前行，你如果同时选择多条路，就注定了是一条不归路。

有些人看似相当勤奋钻研，他们每天忙忙碌碌，不肯浪费一丁点儿的时间，好像手上永远有做不完的事。但命运似乎总不眷顾他们，他们的付出，大多没有得到相应的回报。

人们常说："不怕千招会，就怕一招精。"目标太多，想抓到更多，势必会分散掉你的时间和精力，看似很辛苦，很忙碌，但到头来大都是一无所获，白白浪费了时间和精力。倒是那些目标专一、心无杂念的人，走得轻松而投入，也会很快到达自己的目的地，成为屈指可数的成功者。

可以看看那些有大作为的人们，他们哪一个不是一门心思钻研自己唯一的目标，然后成为各行各业精英的？

所以，想抓住更多的人，也许是真有才华，也是真的勤奋，但其实却是让自己误入了歧途，实在可惜。

姚杰就是这样的人。在朋友中，姚杰一直是以多才多艺而闻名的。他毕业于中央美术学院，绘画功夫已经出神入化；他还会写小说，拿过本市的小说比赛大奖；同时，他的诗歌是每一次朋友们聚会时必需的朗读作品……每每听到别人夸自己多才，姚杰也暗自扬扬得意，对朋友们夸口说，自己要成为本市最有名的青年艺术家！一个朋友很真诚地劝他说："多才多艺当然是好事，但你现在面临的不是自己无事可做，而是想做的事太多了，你应该筛选一下，选择一项你最拿手的，攻下去。别以为你各方面都是天才，哪一行都不想丢的话，你不但会分心，也势必会分散你更多的精力。毕竟咱们都不太年轻了，抓紧创业是主要的……"

姚杰对朋友的话置若罔闻，他总觉得自己是天才，会把哪一行都做得相当好。

五年过去了，当大家再聚在一起的时候，姚杰的头发已经白了许多，而他所热衷的多种事业，依然停留在原地，没进步多少。和他一起毕业的好几个同学，都办了个人画展。第一次，姚杰非常郁闷地说："原以为自己可以做好一切，没想到太贪了，就什么也做不成，真该好好给自己定位一下，确定一下目标。"

姚杰的错误就在于，虽然眼前同时有几条可以到达成功的路，但他却没有找出一条离成功最近的路。一项事业，用十分的努力去对待，和用十分努力去对待十项事业，当然有天渊之别。把一颗心分成十份，去做十件事，当然没有把十分的努力放在一项目标上给力。

人生没有回头路。所以，在起步之初，就要明确地给自己找准路。别太奢侈，也别贪心。因为若没有一个合理的人生规划，你就是付出再多的努力，也只是挥霍着自己的大把光阴而已。

找准方向，找对目标，会让你在成功的路上事半功倍。

2. 有正确的方向，还需要灵巧的方法

时间就是金钱，金钱就是效率，我们的薪水是公司花出去的真金白银，公司雇用了我们的人，同时，也雇用了我们的工作时间。

很多人一直兢兢业业地工作，可是有一天却突然发现，自己的努力和获得的成绩根本不成正比。有的人更是在奋斗的征途中，既丢了西瓜，也没有捡到芝麻。眼看比自己晚来的师弟师妹，升职都比自己快，薪水又比自己要高，而自己却只能心生焦虑，有力不知何处使。

那么，你知道其中的原因吗？你发现了问题的症结到底是什么了吗？与其唉声叹气，不如让我们来剥茧抽丝，找出与别人的差距。

古罗马皇帝哈德良手下有一位将军，跟随皇帝长年征战。有一次，这位将军觉得他应该得到晋升，便来到皇帝面前提要求。

"我应该升到更重要的领导岗位，"他说，"因为我的经验丰富，参加过10次重要战役。"

哈德良皇帝是一个对人才有着很高判断力的人，他并不认为这位将军有能力担任更高的职务。于是，他随意指着拴在周围的战驴说："亲爱的将军，好好看看这些驴子，它们至少参加过20次战役，可它们仍然是驴子。"

这个故事告诉我们，经验与资历固然重要，但这并不是衡量能力的唯

一标准。有些人可能在一家公司待的年头很长，付出的辛劳也很多，但由于他们不求上进，只是日复一日、年复一年地重复自己习惯的工作方式，他们在某些工作技能上固然很"熟练"，但这种"熟练"的重复却导致了惰性，阻碍了心智的成长，扼杀了真正的责任感和创造力。

这就是所谓的劳苦未必功高。让老板器重你的唯一方法就是：你能用最短的时间，做出最耀眼的成绩。现代企业越来越讲究效率和效益，企业要想生存发展，关键要树立"结果意识"，以杰出绩效为工作的最终目标，也是唯一的目标。老板普遍重视有杰出绩效的员工，"没有功劳，也有苦劳"的评价标准早就不吃香了！

美国汽车业的巨擘福特，也是一个效率的倡导者。他被誉为"把美国带到流水线上的人"，是一个酷爱效率的天才。他对绩效、结果一向高标准严要求，他总是对手下们说："工作一定要有更好的结果，工作一定要有更高的效率！"

什么是更高的效率？说白了就是不做无用功，你必须"揪出"那些阻碍效率提高的种种问题，并彻底把它们消灭掉。否则，你就是做呕心沥血的黄牛也没人会重视你。但是，有些人失败了总是为自己找借口，却从不去寻找失败的原因，也不吸取失败的教训，以至于下一次同样会失败。我们常常会听到某某说："都是因为他，都是因为这个因为那个。"事情做砸了，总把责任推给别人或者说条件不足，却从没有想过用什么方法来解决问题。

其实，方法总比问题多，有问题就有方法，用对方法才会把事情做成功。

"四两拨千斤"是武术中的一个名词，意思是用很小的力量，拨动很重的东西，其中的诀窍当然是"巧"字。抓住最佳的地方，巧妙地用力；

抓住最佳的时机，巧妙地拨动，自然可以将本来很难对付的东西，轻易地"啃掉"。

一群人在大海里划船，迷路了。狂风大起，每个人的生命都在大海里飘摇。在这些人当中，有两个人是知道正确方向的，应该向西。

第一个人马上说出了自己的想法，态度很坚决。但是，除了这两个人，其他所有的人都误认为应该向东。在生命最危急的时刻，大家都乱了套，都不相信这个人的意见。另外一个知道的人保持沉默。于是，第一个人就和其他人争执起来。最后的结果是，这个人被失去理智的众人扔进了大海。船继续在大海里向东航行。另外一个知道方向的人也假装认为应该向东，因为如果不这样做，他的命运会和第一个人一样，葬身大海。但是，他必须想一个办法矫正船的方向，否则也将是死路一条。于是，这个人就和其他人搞好关系，慢慢地取得大家的信任。他提出由他来掌舵，理由是他曾经是水手，有过这方面的经验。大家很高兴地同意了。

船继续向东航行，但是，这个人在船每走一段路时就把方向稍微调整一点，大家都察觉不出来。在船兜了一大圈之后，方向终于变到了朝向西方。最终，大家在不知不觉中到达了西面的陆地。这个时候，这个人才慢慢地告诉大家真相，大家把他当成救命恩人。

这就是方法的重要性。第一个人由于太死板，结果葬身大海。第二个人灵活地运用了方法，成了大家的救命恩人。所以，无论做什么事情，方法很重要。

我们有句古语，叫作"书读百遍，其义自见"，其实不然，如果你用眼睛读书，即使读一千遍一万遍也无法领悟书中的精奥，何况是一百遍？但如果你用心用脑子去读书，即使你只读一遍，书中所云你也会了然于胸。可是，不少人却习惯重复，重复已看过一百遍的单词，重复已看过一百遍的公式，重复已看过一百遍的题目。像小和尚念经似的有口无心，依旧记不住单词，依然不会运用公式，依然解不开题目。

俗话说，既要埋头拉车，更要抬头看路。说得直接点，就是做事情要讲究方法，只有方法对了才能事半功倍。

因此，我们只知道埋头苦干是远远不够的。这样一来，你就看不到前方到底是平坦大道，还是崎岖山路，或者万丈深渊。无论做什么事情，请大家千万记得不光要埋头拉车，还要学会抬头看路。

3. 敬业乐业，还要学会精业

我国古代思想家朱熹说："敬业者，专心致志以事其业也。"也就是说，认认真真、尽职尽责的敬业精神，是职业精神的首要内涵，是职业道德和优秀品格的集中体现。

作为一种文化精神，敬业不仅是通向职场的"敲门砖"，更是一个人能在职场走得更长远的垫脚石。没有敬业精神懒懒散散，工作就没有效率，就容易粗枝大叶，更容易造成失误、留下隐患。在这方面，我们有成功的经验，也有惨痛的教训。安全生产事故、食品药品安全事故的背后，麻痹意识、失职渎职是重要的原因。

敬业、爱自己的工作是竞争力的重要基础，再加上专业，才是一个人竞争力的全部。在科技日新月异的今天，我们不仅要敬业，还要专业、职业、精业，这样我们才能从尽职尽责跨越到尽善尽美，才能从优秀跨越到卓越。

在我们身边，大体有四类人。有的人既敬业又职业，是企业的核心人才、核心竞争力；有的人敬业不职业，这样的人吃苦耐劳、精神可嘉，遇到紧急情况招之能来，可是，来了却不一定能战；有的人职业不敬业，虽然业务素质高、解决问题的能力很强，却三心二意、毛手毛脚，容易"大意失荆州"，一失足造成千古恨；有的人既不敬业又不职业，当一天和尚撞一天钟，每天浑浑噩噩混日子，误己误人。

许多人因自己的职业属于"社会的低层"而抱怨，对工作敷衍了事。其实，仔细想一想，难道只有做领导才是高贵的职业吗？"三百六十行，行行出状元"，对有志气的人来说，工作无贵贱，只要自己愿意努力，就一定能成功。事业能否做大，根本不在于从事什么行业，而是取决于自己对所做的事，有没有一股做到最好的心气儿。

比尔·盖茨说：你可以不喜欢你现在的工作，但你必须热爱它。只要坚持热爱，平凡的工作也会有伟大的成就。

假如一个人做什么都做得敷衍、推卸责任、不求甚解，在一个团队中滥竽充数，那么同事和上司都不会喜欢他。因为他对工作漫不经心，得过且过，既谈不上专长，更谈不上业绩。反过来，一个热爱工作的人，情况就会大不相同，因为他们对工作的热爱和执着，会使他们成为专家，成为同事及老板所喜欢的人。

在一个工厂里，有一个很特别的车间，这个车间的工人个个无精打采。原来，这个车间是整个工厂中最脏最累的一个，每个被分配到这个车间的人，都认为自己很倒霉。这个车间的工作效率也就可想而知了。

有一天，总裁突然到这个车间来暗访，对这里的状况很不满意。总裁正准备离开，却发现一个小伙子显得异常快乐。他充满活力，不时地招呼他人，甚至高兴起来还吹起了口哨。

"年轻人，你为什么这么快乐？"总裁不解地问他。小伙子一边忙碌着，一边头也不抬地回答道："因为我喜欢这份工作，感觉很有意思！"

总裁很受感动。因为他深知，那些自认为自己倒霉的人，绝不会热爱自己的工作。不久之后，工厂的一个车间主任调走，总裁想起这个热爱工作的小伙子，通过考察发现他不仅热爱工作，而且工作表现一向出色，基本是车间做事最快最有效率的那个。于是，小伙子因为工作的积极和敬业得到了提升的机会，他做了车间主任。

热爱工作是一种信念，积极乐观的人总是怀着这种信念为自己的理想奋斗着。更重要的是，我们努力工作换来的报酬，不在于我们获得多少钱，而在于我们因此会成为什么。那些头脑灵活的人，拼命劳作绝不仅仅是为了赚钱，使他们保持工作热情的东西比金钱更为高尚：他们在从事一项迷人的事业！而这项事业，也必将结出丰硕的果实。

爱工作、敬业不易，把工作做到专业而出色更难。梅兰芳在舞台上顾盼生辉、流光溢彩。可是，很少有人知道，为了让眼神活起来，眼睛近视的他每天早晨放飞鸽子，极目苍穹，苦练眼功。邓亚萍打球快速凶狠，可是，很少有人知道，为了增强手腕的力量，身材娇小的她曾用铁拍子练球。

在职场上，既敬业又精业的人永远是供不应求的"抢手货"。既不敬业又不精业的人，常常成为被淘汰的那一个。而是否被淘汰，只在你热爱还是消极对待工作的一念之间。

同时，专业也意味着在适当的时间做适当的事。现代社会，大家都很忙，所以在什么时候做什么样的事、说什么样的话就是门高深的学问。比如中午领导要出门，你却要向他汇报工作。晚上十一点，你还给你的客户打电话。这就是乱用时间，工作时间和私人时间完全没有概念。只有你懂得看人眼色，懂得把握机会，也就是我们说在适当的时间做适当的事，才会让你的办事效率大大提高。

每个人都有自己的私人空间，尤其是日理万机的领导们，更为珍惜自己的私人空间。这个时候，如果不是有紧急状况需要他处理，而是去向他表达你的功劳、成绩，即便是为了他好，他也不至于批评你，但潜意识里被打搅的不高兴肯定是有的。你的那些功劳、成绩在他这个时候听来，多多少少都会打折扣的。

汉高祖刘邦因用对了"汉初三杰"——韩信、萧何、张良而夺取天下。但同时，他们的成功，也有时机的因素在里面。他们选对了时机，在正确的时间做了正确的事。

刘邦未成就大业前，不过是沛县的一个小混混，混了一个泗水亭长的乡村干部职位。在一次见到秦始皇出巡的盛大场面时，他感叹地说："大丈夫当如是也！"豪言壮语说出来了，可他真的就敢当这个"大丈夫"吗？不，这还不是个好时候。秦始皇统一六国，威名赫赫，大秦统治机构坚如磐石，百万大军枕戈以待，这时候出头做大丈夫？做大头鬼还差不多！

刘邦在沛县干了一些诸如私纵囚犯之类的不法之事（这在秦国的严刑苛法下也属同罪），听说秦始皇以东南有天子气为名南下巡查，他虽然自作多情地以为针对的就是自己，但也不敢公然造反，只好逃亡到云梦泽。

不久，一代霸主秦始皇病逝，政权交给了无能的秦二世胡亥。奸宦赵高当权，政治腐败，忠臣能将被害，天下生灵涂炭。陈胜、吴广发动了大泽乡起义，本来人心不服的六国后裔纷纷起事，其中就有楚国贵族后裔项梁、项羽，沛县也响应。

刘邦认为大秦已经到了土崩瓦解的最后时刻，"大丈夫"建功立业正在此时。于是，带着跟他一起逃亡的十几个囚犯回来，并得到了萧何、樊哙等人的支持，拉起了一支小队伍。

天下诸侯在义帝楚怀王面前盟誓，共讨暴秦，先入咸阳者为王。最有这个实力的是项梁、项羽的部队。刘邦出身卑微，军队不到万人，在各路诸侯中默默无闻。巨鹿一战，项羽击败了几十万秦军主力，众多诸侯都在看热闹，而刘邦却在这个时候率领他的部队一路向西，沿途扩充实力，很少遇到抵抗就进入了咸阳，秦朝灭亡。一个不起眼、实力弱的小混混，就此在政治、军事上发了家，在天下人面前建立了威望，为以后与项羽争霸并最终一统天下打下了基础。

刘邦成功了。正是因为在正确的时间做了正确的事。同样的，我们在做一项工作前，也要想一想什么时候是最有利的，现在的这个时机合不合适。一个人光会工作而不懂把握时机，不懂审时度势显然是不行的。

当一个业务员想要给他的客户打电话推销一批新产品，他应该先想一想，这个电话应该在什么时间打合适。客户如果是一个习惯工作到很晚的人，那他就不应该在大清早打电话过去，也许对方还没起床呢，打到单位去找不着人，打手机把别人吵醒很不礼貌。正在吃饭的时候，也不要打这样的电话，被人干扰了吃饭的兴致总是扫兴的，也谈不成什么事，即使你有那个工作能力。不懂时机的重要性，注定不会给人留下好印象的。

记住，适当的时间做适当的事，也是一个人工作专业的表现。

4. 尊重你的天赋，摆正自己的位置

每个人都有不同的专长，也就是人们常说的天赋。别跟自己的天赋较劲。你适合唱歌，就别总琢磨着去画画；你形象不好，就没必要梦想成为绝世大花旦；你对弹琴一点兴趣没有，也别指望成为郎朗。尊重你的天赋，在这个基础上努力才会更容易有成果。而你的人生规划，也应该把你的天赋计算在内。只有这样，你的努力才会有回报。

有这样一则寓言：

一只老鹰从很高的岩石上向下俯冲，用它的利爪抓在小绵羊身上，猎走了小绵羊。一旁的穴鸟看到了，心里想自己一定比老鹰强，就模仿老鹰的动作飞到小绵羊身上，没想到脚爪被绵羊弯曲的毛缠绕住，拔不出来了。这时牧羊人发现了，就跑过来抓住穴鸟，然后将其脚爪剪掉带回去给孩子们玩。孩子们很好奇地询问这是一只什么鸟，牧羊人说："据我所知，这是穴鸟，但是它却自以为是老鹰。"

勉强而为，压力就会接踵而至。例如，因为是上司委托的事情就应允，可是自己根本就没有解决门路。这样，心里必定陡然增添了压力，左右为难又无所适从。既耽误了事情的进程，也会让上司对你失望。所以，做任何承诺的时候，一定要清楚自身的能力。无论如何努力都做不到的事，就应拒绝。

吴芳在公关部工作。她虽然性格内向，在口才上不如其他同事，但是头脑冷静，遇事沉稳，还写得一手好文章。阴错阳差，部门经理跳槽后，老板竟然认定她是最佳人选，吴芳意外地成了公关部经理。

吴芳很感激领导的知遇之恩，因此工作也格外努力。可是，公关部经理任务杂、要求高、应酬多，令性格内向的她感到压力重重。

任职不到一年，吴芳几乎被工作压得喘不过气，觉得很多时间精力都花在了无谓的事情上。在向老板汇报时，吴芳经常被问得哑口无言。从老板的脸色中，她读到了越来越多的不满，而她也对这份工作产生了前所未有的厌烦，对自己的能力也产生了怀疑。于是，她向老板提出还是做文书工作比较适合自己。老板思前想后，也感觉吴芳性格确实过于内向，写得一手好材料确实很适合做文书工作，就答应了。

因为不需要和太多的人应酬打交道，吴芳顿时就轻松起来。于是她对本职工作写材料、整理文件更用心对待，交给老板的发言稿经常得到表扬。吴芳的脸上，终于又出现了久违的笑容。

有人说得好："换个方向，你就是第一。"职业不同，需要的素质与才能也不相同。做一个杰出的临床医生，必须具有良好的记忆力；研究理论物理学，抽象思维能力不可缺少；数学家没有必要一定具备实际操作、设计和做实验的能力，虽然这种能力对于一个化学研究者来说必不可少；天文学是一门观察学，需要很好的观察能力、浓厚的兴趣和长久细致进行观察的毅力。

人的兴趣、才能、素质是不同的，因此在选择职位时，一定要对自己有个清晰的了解，并不是好职位就一定适合自己。如果目前的职位不适合你，如果你仅仅是看在"钱"的分儿上才疲于应付，那还是劝你长痛不如短痛，找个机会向老板言明自己的处境和期望，坦言这一岗位不适合自己的理由，让老板帮助你找一个能发挥自己专长的位置，职业倦怠症自然痊愈。记住，天赋是你最好的老师，尊重你自身的天赋。

刘某大学毕业后，到一家药材公司做检验工作，收入稳定，工作也相对轻松。可是，他时常觉得对工作提不起兴趣，觉得这样的工作毫无挑战性，回到家也是懒洋洋的。于是，掂量来掂量去，刘某最后决定找老板要求换个岗位。老板用人所长，把他放到了业务部门，遂了他的心愿。现在，刘某每天夹着公文包走南闯北地和客户谈业务。虽然工作压力大，可他还是干劲儿十足，忙得不亦乐乎。业务成绩也是蒸蒸日上，让老板乐得合不拢嘴。

原来，刘某天生就是个交际型人才，喜欢和陌生人打交道，是个"人来熟"，以前天天面对几个熟面孔和生硬的数据，哪有不倦怠之理？

歌德曾经说过：每个人都有与生俱来的天分，当这些天分得到充分发挥时，自然能够为他带来极致的欢乐。如果你想在工作中不断体验到这样的快乐和成功，你就得在职场中找到正确的位置。只有找对位置，才能够发挥最大的工作效能，并从中品尝喜悦和成功的滋味。

事实就是这样，每个人的成功都独一无二。不要和别人比成功，而是要了解自己，发掘自己的喜好和兴趣，努力不懈地追求进步，让自己的每一天都比昨天更好。一个人只有找到适合自己性格、气质和爱好的工作职位，做到人和工作的最佳匹配，才会如鱼得水，在工作岗位上大展宏图。相反，再好的岗位，如果不符合自己的喜好和特点，一段时间后就会心生厌倦，出现职业倦怠。

5. 并不是所有的坚持都值得称颂

坚持使人胜利，但并不是所有的坚持都值得称颂。在有些情况下，需要的不是坚持，而是你能随时随地地机智应变的能力。比如在风云突变的职场上，在瞬息万变的商战中，在你需要放弃的时候，仍一味地坚持下去，那就叫作不识时务，受伤的只能是自己。

乔聪就是这么一个只知道一味坚持的人。乔聪从小命运坎坷，因为家庭贫困，又没有亲朋好友的援助，她从小就备受小朋友们的欺负和白眼。因此，乔聪脑子里只有一个强烈的愿望：长大，我一定要成功，过上自己想过的生活！而也只有成功了，人们才会对自己另眼相看。

但是，命运并不是你能掌控在手中的玩具，你要它怎样，它就会怎样。长大后的她虽然很努力，却依然是一个四处漂泊的穷打工者。她每天拿着微薄的薪水，过着数钱度日的生活。

怎样才能成功，怎样才能发财，成了乔聪时时刻刻挂念的问题。

有一天，乔聪和朋友们一起去喝茶。她突然就想，在自己生长的小镇，酒吧还属于新鲜事物。如果自己在小镇上开办一家酒吧，引领小镇新潮流，肯定会挖出一桶闪亮的纯金吧！她激动万分，立马把想法告诉了几个知交好友。

几个年轻人觉得可行，纷纷支持。为了开这个酒吧，她拿出自己这些年打工的所有积蓄，又东凑西借，几乎把几个知己的家里也翻了个底朝天，终于凑足二十万元资金，隆重地在小镇开了第一家装修豪华、富丽堂皇的酒吧。

生意开张之初，还真是前所未有地兴隆。她想，有这样好的开局，创下一番天地应该是轻而易举的事。但让乔聪措手不及的是，看到她的成功，小镇上很快如雨后春笋般，刷刷生长起一大片小酒吧。这些酒吧都没有她的投资大，虽然装修简单，但却以低廉的价格占了另一片商机，一开张就毫不客气地抢了大部分的市场。乔聪的生意，也因此一落千丈。

眼前情形极为不利，有朋友劝乔聪说，赶快停手转行吧，这地方已如被核武器包围一般，不适宜酒吧生存了。现在把酒吧转出去，虽然未实现自己的理想，但总不至于赔钱。

自己千辛万苦经营起来的酒吧，当然不舍得转让。她想，那些在商海坚持打拼而成就事业的人们，不都是笑到最后，获得成功了吗，为什么自己不能坚持下去？

但老天并不看好乔聪的坚持，她的生意依然飞速下滑。为了挽回局势，乔聪只得不停地搞活动，搞优惠，搞折扣……种种活动之下，酒吧看似顾客盈门，但其实却是打肿脸充胖子，人越多，她赔得也越多。

过了一段时间，乔聪的酒吧已经被法院拍卖。她这一跤摔得太惨了，不但赔光了自己，也把朋友们的家产赔了进去。

没有希望和前景的坚持，都是一种异想天开的不理智行为。人们讲究"识时务者为俊杰"。商机无限，但同时也会瞬息万变。在倏忽之间抓住了一线商机开创先河，但突然之间人们纷纷效仿，你就要重新做出冷静的判断。越是被别人看好而效仿，你就越得有清醒的头脑，来决断当前的大局。所以，这个时候绝对需要你眼观六路，耳听八方。形势不对就及早撤离，别死抱住"坚持"不放，做无谓的牺牲。

分析起来看似简单，真要能理智做好却很艰难。生活中像乔聪这样因为坚持而失败的人并不算少数。这些人因为没有清醒的头脑，抱着一个傻乎乎的念头，总认为坚持下去事业就会有转机。上帝从不可怜愚笨的人，自然，也不会因为你错误的坚持而给你埋单。

别只看到别人如何坚持而最终获得胜利，那是因为人家看到了前景，才敢于坚持。没有前景，没有前途而只一味坚持，除了证明你脑子死板没有眼光之外，根本就和成功挂靠不上。

坚持是一种美德，但错误的坚持就是不识时务。

6. 别太拿自己当回事

初生牛犊或多或少都有一个共同的特点，总觉得自己比其他人懂得多，见识广，以至于在很多时候总是表现出高人一等的姿态。

事实上，骄傲的真正原因并非是因为饱学，而是因为他们对自己缺乏足够的了解，他们可能有一点本事，就总以为自己天下第一。这一难以克服的缺点，使得他们虽然在某些方面较之其他人要优秀，却难以获得长远的进步和发展，甚至还可能导致人生惨败。

《韩非子》中有这样一个故事。

楚庄王规定，大臣百官以及诸公子的车辆都不能驶到茅门（接近楚庄王办公地点的一道门）。有一次，楚庄王紧急召唤太子。天刚刚下过雨，平日停车地因为积水而难以步行，于是太子便把车行驶到茅门前。守卫在茅门前的小官，为了贯彻自己的职责，竭力挡驾，并举起自己的兵器刺伤了太子马车的马匹。

故事非常简单，大家都会觉得小官不畏权贵，兢兢业业，应当受赏。因为按理说，小官做得是对的，毕竟他有他的岗位职责，他得尽忠职守，做好分内的事情。事情也确实这样发展了，但谁让那是太子呢。猜想一下故事的结局，太子能在父王面前给他请功吗？所以，小官尽管敬业怕是再无出头之日了。这个太子还算理智，否则那个小官有可能因为这样的固执而把小命给搭进去。

可以说，职场计划没有变化快，计划之外的事情会时不时地突发。这就需要你在平日的工作中，总结出可能会发生的突发事件，然后找出解决和应对的方法。这样，就不至于在突发事件发生时，自己措手不及，惹得关联人员不高兴，尤其是惹得领导不高兴。总结出可能会发生的突发事件，而后预防，的确是最好的解药。

小范毕业于上海某大学金融专业，毕业后到一家国有大型企业担任技术员一职，试用期半年。在业务方面，小范完成得十分出色，业务谈判连老总都对他刮目相看。但令人意外的是，6个月试用期结束时，公司人事部却委婉地告诉他："'五一'长假结束后，你不用来公司报到了。"

原来，小范自从下车间开始，就对单位的这也看不惯，那也看不顺。未到三个月，他就给总经理写了洋洋万言的意见书，上至单位领导的工作作风与方法，下至单位职工的福利，他都一一综列了现存的问题与弊端，并提出了周详的改进意见。他被单位的某些掌握实权的领导视为狂妄、骄傲乃至神经病。当然，他的建议也没有被采纳。因为人家觉得这个年轻人太自以为是了。

过于希望崭露头角，不注意处理人际关系，对于前辈同事也不够尊重，这些都是小范的致命伤。更让领导和同事难以接受的是，对于他们的一些错误，以及单位某些制度上的不健全，小范都会毫不保留地提出，丝毫不注意当时的实际情况和背景因素。

一个人即使是天才，如若丝毫不懂收敛，也是很难立足的，而且会导致别人的嫉妒和不满。提出建议是正常的，而且是爱岗敬业的表现。但如果像小范那样没有认清形势，摆不正自己的位置，不懂得自我保护，往往会使自己陷于不利之地。

因此，我们在为人处世的时候，不管自己多么优秀，能力多么比其他人突出，也不要因此而总觉得自己很了不起，骄傲自大，而是应当以一种谦虚的心态去面对一切。也只有这样，我们才能真正地获得长远的进步和发展。

别太拿自己当回事。年轻人往往锋芒毕露，太急于显露自己的才能和实力，盼望尽快得到他人的认可以及刮目相看，往往表现得急于求成，这些都是很不可取的。这样做不仅会给人自高自大的印象，更主要的是会使你过早地成为人们的竞争对手。

倘若你没有厚积薄发的底牌，一旦成为强弩之末，那只有被人嗤之以鼻，逐出场外。而真正聪明的人知道，其实在工作的过程中，多表达对别人的敬意并时常恰当地使用礼貌用语，或者热心跑腿，合理的情况下多帮助别人完成分外的工作，都不是吃亏，更不是委屈了自己。相反，这是一个职业人成熟和历练的表现。也只有这样，你才能为你的将来累积更多的人脉和工作经验，正所谓"世事洞明皆学问，人情练达即文章"。

7. 发现"不行"你就得变

做事情有计划性是必需的，但同时还要懂得随机应变。

天有不测风云。有很多事情是在你工作或学习计划之外的。所以，手头的工作请一定往前赶，不要往后拖。比如赶火车、赶飞机，应当尽可能提前，如果你把时间卡得可丁可卯，会造成稍有一点意外就误了时间。还有一些事情，如果你还没有想明白，就不要盲目作决定，不然会让自己处于被动状态。

年轻人气脉旺盛，赌血气之勇，遇事很容易冲动，爱使性子，不动脑筋，不知道深浅，也不知道进退，只知道拿身体硬顶。有时候为了一点小事，也会反应过激，固执己见。有时明知道前面是悬崖，是火坑，也硬往里面跳。

小王就是个这样的人，平时就喜欢较真认死理，同事做事稍微有点和他意见不同，他就会据理力争，非要对方承认自己是对的才算胜利。

一天，某领导会议发言，客套地问大家还有什么意见，大家都没出声，就他嘴快说出来一堆意见，以及对领导做事方式的建议。事后不久小王便被辞退了。

你认为领导会感谢你的建议吗？他大概恨得牙痒痒，谁让你那么不给他面子，这不是存心让他出丑吗？不只是领导，谁都要面子，即使你是对的，也应该懂得尊重人，起码在大庭广众下揪领导的错就显得你太不合时宜了。无论为人或是处世，自己都要懂得变通和灵活，何必非要撞了南墙头破血流，才发现自己真的失败呢？

两个樵夫上山砍柴。有一天，他们在山里发现两大包棉花，两人喜出望外。棉花的价格高过柴薪数倍，将这两包棉花卖掉，可供家人一个月衣食丰足。当下，两人各自背了一包棉花，赶路回家。

走着走着，其中一名樵夫眼尖，看到山路上有着一大捆布。走近细看，竟是上等的细麻布，有十多匹。他欣喜之余，和同伴商量，想要放下肩负的棉花，改背麻布回家。

他的同伴却有不同的想法，认为自己背着棉花已走了一大段路，到了这里丢下棉花，岂不枉费自己先前的辛苦？坚持不换麻布。先前发现麻布的樵夫屡劝同伴不听，只得自己竭尽所能地背起麻布，继续前行。

又走了一段路，背麻布的樵夫望见林中闪闪发光，待走近一看，地上竟然散落着数坛黄金，心想这下真的发财了，赶忙邀同伴放下肩头的棉花，改用挑柴的扁担来挑黄金。

同伴仍是不愿丢下棉花，怀疑那些黄金不是真的，并且劝发现黄金的樵夫不要白费力气，免得到头来一场空欢喜。

发现黄金的樵夫只好自己挑了两坛黄金和背棉花的伙伴赶路回家。走到山下时，无缘无故下了一场大雨，两人在空旷地被淋了个透湿。更不幸的是，背棉花的樵夫肩上的大包棉花吸饱了雨水，重得无法再背了，那樵夫不得已，只能丢下一路辛苦舍不得放弃的棉花，空着手和挑黄金的同伴回家去。

在人生的每一次关键时刻，审慎地运用智慧，做正确的判断是多么重要。为人处世也是这样，千万别固执己见，也千万不要吊死在一棵树上。

做成一件事可以有很多种方法，但只有一种才是最佳的，而你想到的可能是最差的。开动脑筋，试着换种方法，你会豁然开朗。有了这种"换条路"的思考方式，你会发现很多解决事情的最佳方案。

聪明人总在想着如何"偷懒"：别人做这件事花了300元钱，我能不能少花些？别人做这件事用了两天，我能不能只用一天半？很多成功者，都是用与众不同的方法才做出了惊人的成绩。

船王包玉刚之所以能从一条船起家，由一个不懂航运业的门外汉一跃成为一代船王，就是因为他时时处处都在想着如何做才是最佳的。当别人都在搞房地产的时候，甚至当他父亲也主张投资房地产时，他经过分析却决定投资航运业；当别的船主都在用"散租"的方式获取暂时的高额租金时，他却用"长租"的方式获得稳定的收入，同时赢得了无数固定的大户顾客。

当我们发现自己所处的环境不利的时候，那就试着去换一个地方。当你发现自己爱表现让同事尴尬了，那就下次少说话。当你发现靠每天一封情书向人求爱效果不灵时，就试试另一种方法。

总之，发现"不行"，你就得变，而发现"行"，你也得变得"更行"。"车到山前必有路，柳暗花明又一村"讲的就是这个道理。

第六章

青春经不起等待，用有限的生命去奋斗

时间是每个人最珍贵的财富，只有高效迅捷、善于有效利用和管理自己时间的人，才能在有限的人生中获得最大的进步和更多的突破。巴尔扎克说：时间是人所拥有的全部财富，因为任何财富都是时间与行动结合之后的成果。

在这个世界上，你真正拥有而且极度需要的只有时间，时间在生命中是如此重要，而许多人却日复一日花费大量的时间去做无聊的事。

丧失的财富可以通过厉兵秣马、东山再起而赚回；忘掉的知识可以通过卧薪尝胆、勤奋努力来复归；失去的健康可以通过合理的饮食和医疗保健来改善；而唯有时间，流失了就永远不会再回来，无法追寻。

1. 有多少青春可以挥霍

"好无聊啊！""真没意思，不知道干什么！"你是不是经常发出这样的感叹呢？

我们不妨作一个关于生命时间的计算：

假设一个人能活80岁，每天睡觉8个小时，一生将有233600个小时用在睡觉上，大约是9733天，合26年7个月，那么这个人还剩下53年零5个月的时间做其他的事情。

假设他每天吃早、午饭各用去30分钟，吃晚饭用1个小时，这样每天用于吃饭的时间就是两个小时，80年将在吃饭上用掉58400个小时，合2433天，相当于6年零7个月，那么这个人还剩下46年零10个月。假设这个人每天用于个人卫生的时间是1个小时，80年又将用掉3年零4个月，这样人还剩下43年零6个月的时间。再减去每天用于休闲、娱乐的时间是3个小时，80年将耗掉87600个小时，也就是整整10年的时间。那么这个人还剩下33年零6个月的时间。再假设他每天在上班途中、购物上用的时间为3个小时，80年就意味着另外一个10年的耗费，这样只剩下了23年零6个月的时间了。再减去他每年用在旅游、度假、生病等事情上的时间为15天，那么80年就是1200天，也就是3年零3个月，这样还剩下20年零3个月。一个寿命是80岁的人，大约只有18年零1个月的时间用来投身自己喜欢的事业。

因此，一个人一生的时间并不是很多，一寸光阴一寸金，寸金难买寸光阴。所谓的"穷忙族"可能比以往任何人都更忙碌，工作也更辛苦，却往往是随意挥霍时间的结果。对时间进行一下有效控制，或者说有效管理，你就会"忙而不穷"。

商界精英鲍伯·费佛的每个工作日里，做的第一件事就是将当天要做的事分为三类：第一类是所有能够带来新生意，增加营业额的工作；第二类是为了维持现有的状态，或使现有状态能够持续下去的一切工作；第三类则包括所有必须去做，但对企业和利润没有任何价值的工作。

在完成所有第一类工作之前，鲍伯·费佛绝不会开始第二类工作，而且在全部完成第二类工作之前，绝不会着手进行任何第三类的工作。"我一定要在中午之前将第一类工作完全结束"，鲍伯给自己规定，因为上午是他认为自己最清醒、最有建设性的时间。

"我必须坚持养成一种习惯：任何一件事都必须在规定好的几分钟、一天或一个星期内完成。每件事都必须有一个期限。如果坚持这么做，你就会努力赶上期限，而不是无休止地拖下去。"鲍伯说这便是期限紧缩的真正价值。

鲍伯·费佛真正地做了时间的主人，那么又有多少人能做到呢？高尔基曾说过：人从他出生的那天起，就一天天接近死亡。人的一生是有限的，时间总是在不断减少和失去，你无法创造，也无法花钱去买。在日常生活中，人们常说自己花了多少时间去做某件事。而实际上，时间恰恰比任何商品都更有价值，它是无价的。

法国著名科普作家凡尔纳每天早上5点钟就会起床，然后一直伏案写到晚上8点。在这15个小时中，他通常只在吃饭时休息片刻。但是他并不会与家人坐在一起吃饭，通常都是妻子给他送到他写作的地方，他搓搓酸胀的手，拿起刀叉，以最快的速度填饱肚子，抹抹嘴，就又拿起笔。

他的妻子看他如此辛苦，就非常心疼地问："你写的书已不少了，为什么还抓得那么紧？"凡尔纳笑着说："你记得莎士比亚的名言吗？放弃时间的人，时间也放弃他。哪能不抓紧呢？"

在40多年的写作生涯中，凡尔纳记了上万册笔记，写了104部科幻小说，共有七八百万字，这是一个相当惊人的数字！一些感到惊异的人就悄悄地询问凡尔纳的妻子，想打听凡尔纳取得如此惊人成就的秘诀。凡尔纳的妻子坦然地说："秘密嘛，就是凡尔纳从不放弃时间。"

许多人都认为，人与人之间之所以有穷有富，完全是因为环境、机遇、能力及性格等方面的差异造成的。然而，正如著名的物理学家爱因斯坦所说，人的差异在于利用空闲时间。

著名的麦肯锡公司曾做过一个调查，清晰地向世人展示了人们空闲时间的秘密。这份抽样调查表明：美国城市居民每周平均每日工作时间为5小时1分；个人生活必需时间10小时42分；家务劳动时间2小时21分；闲暇时间6小时6分。四类活动时间分别占总时间的21%、44%、10%、25%。每一天，人们都是这样度过的。10年来，人们的闲暇时间增加了69分钟，闲暇时间占到一个人生命的1/3。中国人在电视机前每天是3小时38分，打发掉自己一半的闲暇时光，而日本、美国人每天看电视的时间分别为1小时37分和2小时14分。

这个调查还显示，本科以上高学历者的终生工作时间是低学历者的3倍，平均日学习时间为50分钟，收入是低学历者收入的6倍以上。由此可见，学历越高，越重视时间的利用，越能赚取财富。

古今中外，凡在事业上有所成就的人，都有一个成功的诀窍：变等待为行动。他们中没有一个人喜爱清闲，贪图安逸。

澳大利亚著名生物学家亚蒂斯，不仅用他智慧的头脑和宝贵的时间，成功地发现了第三种血细胞而且赋予了业余的空闲时间以生命的神奇。他十分珍惜自己有限的时间，因此他为自己定下了一个规矩，睡觉之前必须读15分钟的书。不管忙碌到多晚，哪怕是清晨两三点钟，他进入卧室以后也一定要读15分钟的书才肯入睡。他整整坚持了半个世纪之久，共读了8235万字、1098本书，医学专家最终变成了文学研究家。

通过充分利用每一分钟的空闲时间，我们每个人都可以从根本上改变自己的命运。虽然每个人因为职业的不同，习惯的不同，业余空闲时间的多少也就不同，但主要的空闲时间大同小异。

2. 为生命做一份时间表

成功的人都是非常细腻的；绝对不会粗心大意。计划，一定要周详，计划若是漏洞百出，等于没有计划。把计划写下来，哪个是第一要做的，哪个是第二要做的，把它编上号；一、二、三、四、五，以此类推。

下面是时间安排的几点建议：

(1) 每天清晨把一天要做的事都列出清单。这个清单包括公务和私事两类内容，把它们记录在纸上、工作簿上或是其他什么上面。在一天的工作过程中，要经常地进行查阅。例如在开会前十分钟的时候，看一眼你的事情记录，如果还有一封电子邮件要发的话，你完全可以利用这段空隙把这项任务完成。当你做完记录上面所有事的时候，最好再检查一遍。如果你和我有同样的感觉，那么，在完成工作后通过检查每一个项目，你能体会到一种满足感。

(2) 把接下来要完成的工作也同样记录在你的清单上。如果你的清单上面内容已经满了，或是某项工作可以转过天来做，那么你可以把它算作明天或后天的工作计划。你是否想知道为什么有些人告诉你他们打算做一些事情但是没有完成的原因吗？这是因为他们没有把这些事情记录下来。如果我是一个管理者，我不会三番五次地告诉我的员工我们都需要做哪些事情。我从不相信他们的记忆力。如果他们没带纸和笔，我会借给他们，让他们将要完成的工作和时间期限记录下来。

(3) 一天结束后，对当天没有完成的工作进行重新安排。现在你有了一个每日的工作计划，而且也加进了当天要完成的新的工作任务。那么，对一天下来那些没完成的工作项目又将做何处置呢？你可以选择将它们延续至第二天，添加到你明天的工作安排清单中来。但是，希望你不要成为一个办事拖拉的人，每天总会有干不完的事情，这样，每天的任务清单都会比前一天有所膨胀。如果事情的确重要，没问题，转天做完它。如果没有那么重要，你可以和与这件事有关的人讲清楚你没完成的原因。

(4) 记住应赴的约会。使用你的记事清单来帮你记住应赴的约会，这包括与同事和朋友的约会。一般情况下，工作忙碌的人们失约的次数比准时赴约的次数还多。如果你不能清楚地记得每件事都做了没有，那么一定要把它记下来，并借助时间管理方法保证它的按时完成。如果你的确因为有事而不能赴约，可以提前打电话通知你的约会对象。

（5）制一个表格，把本月和下月需要优先做的事情记录下来。很多人都开始制订每一天的工作计划，但有多少人会把他们本月和下月需要做的事情进行一个更高水平的筹划呢？除非你从事的是一项交易工作，它的时间表上总是近期任务，你经常是在每个月月末进行总结，而月初又开始重新安排筹划。对一个月的工作进行列表规划是时间管理中更高水平的方法，再次强调，你所列入这个表格的一定是你必须完成不可的工作。在每个月开始的时候，将上个月没有完成而这个月必须完成的工作添加入表。

（6）把未来某一时间要完成的工作记录下来。你的记事清单不可能帮助提醒你去完成在未来某一时间要完成的工作。比如，你告诉你的同事，在两个月内你将和他一起去完成某项工作。这时你就需要有一个办法记住这件事，并让它在未来的某个时间提醒你。为了保险起见，你可以使用多个提醒方法，一旦一个没起作用，另一个还会提醒你。

充分利用时间的秘诀是永远都做那些最具有生产力的事情。想要消除时间杀手，你便一定要对自己的工作重点进行清理。将所有的工作重点找出来之后，再进行具体的抉择。通常情况下，自己才是真正的时间杀手，唯有设法约束自己，才能令时间管理更顺利地进行。

2010年的8月，美国某著名杂志的一名记者获准在白宫里待了一整天。在对美国总统奥巴马的日常工作进行了解之后，他发现，总统实在是一个高标准的工作职位，工作量不仅庞大，而且高速又复杂。如果没有恰当的时间管理清单的话，很难想象总统的生活会是怎样的。

据这位记者观察，奥巴马有黎明即起的好习惯，在起床后，他会先进行45分钟的健身运动，然后与家人一起共进早餐，并利用这段时间对早间新闻进行了解。

吃完饭后，奥巴马会进行总统每日简报的阅读，并在9点半前正式坐到白宫椭圆形办公室中，对一天的工作进行处理。

从早上9点半到下午4点半，奥巴马会参与各种主题的会议，从全球经济到军事情报，从外交政策到联邦活动等，而这些会议的召开时间也是由专人提前进行了精心安排的。

下午6点或6点半时，奥巴马一天的正式工作时间便结束了。

随后，他会抽出时间与妻子、女儿共进晚餐，这是其紧张作息时间表中难得的放松时间，更是奥巴马每天生活中唯一不容公事打扰的时间。

从晚上8点半到深夜，奥巴马会对各类重要的电子邮件与电话进行处理。

在时间管理领域中有一条"帕金森定律"，此定律显示，人始终会根据任务的最终完成期限来对工作速度进行调整。假如一个人知道自己有一个月的时间去完成某项工作的话，他便会在不知不觉间放慢自己的工作速度，转而将整个月的时间都用在此项任务上。但如果有人告诉他，这项工作必须要在一周内完成，他便会对自己的工作状态与工作速度进行调整，以此来保证自己可以在一个星期中完美地完成任务。这便是建立自我时间管理清单的重要性，它会让你在特定的时间内去做特定的事情，并会让你了解到自己在这一时间段内所能达到的最佳做事效果。

3. 戒了吧，拖延症

元代陶宗仪写了本名叫《南村辍耕录》的书，书里有个"寒号虫"的故事，讲的是"五台山有鸟，名寒号虫。四足，肉翅，不能飞，其粪即五灵脂。当盛暑时，文采绚烂，乃自鸣曰：'凤凰不如我'。比至深冬严寒之际，毛羽脱落，索然如鷇雏。遂自鸣曰：'得过且过'。"

这个小故事后来被改编成了一篇名叫《寒号鸟》的小学课文，我们许多人都曾经学习过。文章的大意是：寒号鸟的邻居喜鹊好心劝寒号鸟趁着天气暖和赶紧筑窝，寒号鸟却总推辞道："天气这么好，正好睡觉。"当晚上寒风吹来，寒号鸟又冻得直后悔："哆啰啰，哆啰啰，寒风冻死我，明天就垒窝。"最后寒号鸟没能顶过寒冬，被活活冻死。

寒号鸟是不是像拖延成性的人？他们总是认为自己的时间还很多，经得起折腾，可以无限制地拖延下去……"明天开始"是寒号鸟的口头禅；寒号鸟害怕失败、害怕被别人评判所以极端自卑或自负，自比凤凰更是家常便饭；完美主义流淌在寒号鸟的血液里，寒号鸟信奉"要么不做、要么第一"的做事原则；寒号鸟期待一步登天、鸟瞰全局，做起事来却常常一曝十寒；事后寒号鸟总是充满悔意，并狠狠地责备和惩罚自己；可是一而再、再而三的挫折让寒号鸟最终不得不承认自己"肉翅，不能飞"的现实。最后，寒号鸟沦为了"得过且过"之辈，在寒冬里不时发出抱怨的哀号。

回忆一下你的生活：

星期一早晨，你又为起床感到费劲，你觉得这对你来说太困难了。

你的洗衣机里已经塞不下你的脏衣服了。

你明知道你染上了一些恶习例如抽烟、喝酒，而又不愿改掉，你常常跟自己说："我要是愿意的话，肯定可以戒掉。"

老板布置的工作，你觉得可能做不完，或是今天太疲劳了，不如明天早上来了再做，那时可能精神更好；每当接受新的工作时，你总是感到身体疲惫。

你想做点体力活，如打扫房间、清理门窗、修剪草坪等，可是你却迟迟没有行动，你总有各种各样的原因不去做，诸如工作繁忙、身体很累、要看电视等。

你曾经由于迟迟不敢表白，而让心爱的女子成了别人的妻子，自己总是暗暗伤怀。

你希望一辈子住在一个地方。你不愿意搬走，新的环境会让你头疼。

总是制订健身计划，可你从不付诸行动，"我该跑步了，从下周一开始"。

你答应要带你的孩子去公园玩，可是一个月过去了，由于各种原因，你还是没有履行诺言，你的孩子对你已经失望至极。

你很羡慕朋友们去海边旅行，你自己也有时间去，但总是因为这样那样的借口而一拖再拖……

经常拖延的人，常把"或许""希望""但愿"作为心理支撑的系统。而"希望""但愿"在成功者眼中均是浪费时间的借口。无论你如何"希望"或是"但愿"，很显然，你只不过在为自己的拖延寻找借口罢了。我们常常会听你说：

"我希望问题会得到解决"

"但愿情况会好一些"

"或许明天会比较顺利"

……

事实上，情况会有所好转吗？你只是在给自己找逃避痛苦的借口罢了。你是在欺骗自己，不要再煞费苦心地寻找拖延的理由了，要知道，生命对于我们而言是有限的。

鲁迅说过：浪费别人的时间等于谋财害命，浪费自己的时间等于慢性自杀。

有人把人生比作列车，与生活中的列车不同的是，它没有返回的可能。时间也一样，如果把时间比作蜡烛，那么走过的时间就是燃掉的烛火，难以回头再燃一次，这是时间的特性。那么，你所能做的是什么呢？肯定不是拖延时间浪费自己宝贵的生命吧。

当一个人呱呱坠地的那一刻起，生命的时钟便已敲响，以后的每一分每一秒都将记录着生命的历程。著名的科学家富兰克林说过：你热爱生命吗？那么别浪费时间，因为时间是组成生命的材料。任何知识都要在时间当中获得，任何工作都要在时间中进行，任何才智都要在时间当中显现，任何财富都要在时间中创造。珍惜时间就是在珍惜生命，只有这样，你的生命长河才会散发出光芒。

时间对于不同的人，意味着不同的结果。对商人，时间意味着金钱；对科学家，时间意味着知识与探索；对农民，时间意味着收成与丰收；对于我们个人来说，时间意味着成功与希望。

两次获得诺贝尔奖金的居里夫人，从小就养成了珍惜时间的习惯。在她的青年时期，为了不让煮饭占去学习时间，她经常吃面包，喝冷开水；著名的数学家华罗庚，为了珍惜时间，小时候在一家小店一边当学徒，一边抓紧时间自学数学,终于成为名闻中外的大数学家。还有张海迪,身残志坚,即使躺在病床上,还要坚持完成每天的学习任务,以顽强的毅力自学成才,获得哲学硕士学位,创作翻译了不少文学作品……时间让他们的生命闪耀着灿烂的光辉。

古今中外,像他们这样珍惜时间、珍惜生命的名人还有很多。因为他们知道:当时间与生命紧密相连的时候,时间的价值是无法估量的。珍惜生命的每一分每一秒,去学习、去创造、去攀登,让有限的生命发挥出无限的价值。

有人说:"时间是无声的脚步,是不会因为我们有许多事情要处理而稍停片刻的。"两千多年前,孔夫子也曾望"河"兴叹:"逝者如斯夫,不舍昼夜。"时间在你洗手的时候,从水盆里过去;在你吃饭的时候,从饭碗里过去;在你沉默的时候,时间便从你凝然的双眼前悄然逝去。时间是无法蓄积的,当你伸出双手去遮挽时,它会从你的遮挽着的手边过去,即使你为此而叹息,它也会在你的叹息里闪过。

高效率的人,视时间如生命,每一时刻都充满奋斗的精神,深刻理解时间意味着什么;而拖延者,总是在抱怨不公中度过那仅剩的有限日子,在日复一日的拖延中浪费着宝贵的生命。

4. 懒惰的人注定一事无成

虽然拖延的原因有多种，如懒惰、畏难等，但在这些消极的工作态度中"懒惰"则是对成功最有害的因素。

一位老农的农田当中，多年以来横卧着一块大石头。这块石头碰断了老农的好几把犁头，还弄坏了他的农耕机。老农对此无可奈何，巨石成了他种田时挥之不去的心病。

一天，在又一把犁头被弄坏之后，想起巨石给他带来的无尽麻烦，老农终于下决心弄走巨石，了结这块心病。于是，他找来撬棍伸进巨石底下，却惊讶地发现，石头埋在地里并没有想象得那么深、那么厚，稍微使劲就可以把石头撬起来，清出地里。老农脑海里闪过多年被巨石困扰的情景，再想到可以更早些把这桩头疼事处理掉，禁不住一脸的苦笑。

人们常常惊异于文艺家创造性的才能，爱用"才"和"灵感"这样的术语，去解释作家的智力。其实，作家的智慧，虽然与观察力、记忆力、想象力、美感能力有关，但是，影响作家成才的条件，并非都是智力作用的结果，一个最重要的因素就是勤奋。

高尔基说：天才就是劳动。

海涅说：人们在那儿高谈着天才和灵感之类的东西，而我却像首饰匠打金锁链那样精心地劳动着，把一个个小环非常合适地连接起来。

这些大师们的名言充分说明了勤劳对于成功的重要性。

托马斯·爱迪生留下如此多伟大发明的同时，也留下了一句不朽的名言：勤劳是无可替代的。

为了梦想，绝不拖延的人才能取得最后的胜利果实。

1991年5月，已经成为威斯康星大学教授的王洛勇去百老汇看了《西贡小姐》。看完后，他突然有一种冲动，觉得自己能够演好剧中的主角皮条客"工程师"，于是费尽周折，他见到了百老汇专门选演员的导演克利夫。

克利夫约定他第二天去试戏。第二天，王洛勇试唱了一段百老汇音乐剧《南太平洋》，他信心十足，抑扬顿挫。没想到克利夫打断了他的演唱，说《南太平洋》太抒情，不符合所要演的皮条客"工程师"的角色。

第二次，王洛勇新选了一个曲目，又去试唱，结果又被拒绝。

王洛勇突然想出了一个破釜沉舟的决定。他决定辞去学校的工作，从一个普通演员开始，和自己的学生去竞争，一点一点走进美国的演艺圈，一点一点闯入百老汇。他相信：苦心人，天不负。

在美国唱音乐剧，首要的是一口流利、纯正的英语。一位教授为了校正发音，用红酒的软木塞给他做了一串像钥匙的东西，让他咬着软木塞发音。一次到海边玩，王洛勇发现石头坚硬，他就试着把石头含在嘴里，这么一练，同样有效果。就这样，他天天含着石头练发音。

就这样，王洛勇屡败屡战，先后闯荡了8次。

1995年5月中旬的一天，王洛勇得到通知，百老汇请他去演《西贡小姐》的皮条客"工程师"

这一天，王洛勇作为《西贡小姐》的主角站在了梦寐以求的象征着世界戏剧最高水平的百老汇舞台上。

王洛勇说过："要想做一名真正的艺术家，必须过一种非常自律的生活，你只有付出比别人多的勤奋，幸运之神才会眷顾于你。"

可见，只有勤奋才能做好工作，才能使人成功，而懒惰在职场中是没有市场的。

曾国藩是中国历史上最有影响的人物之一。

据说，曾国藩小时候的天赋不但不高，甚至还可以说有点笨。有一天在家读书，看一篇文章重复不知道多少遍了，还在朗读，因为，他还没有背下来。这时候他家来了一个贼，潜伏在他的屋檐下，希望等读书人睡觉之后捞点好处。可是等啊等，就是不见他睡觉，还是翻来覆去地读那篇文章。贼人大怒，跳出来说："这种水平读什么书？"然后将那文章背诵一遍，扬长而去！

贼人是很聪明，至少比曾国藩要聪明，但是他只能成为贼，而曾国藩却成为毛泽东主席都钦佩的人："愚于近人，独服曾文正。"

"勤能补拙是良训，一分辛苦一分才。"那贼的记忆力真好，听过几遍的文章就能背下来，而且很勇敢，见别人不睡觉居然可以跳出来"大怒"，教训曾国藩之后，还要背书，扬长而去。但是遗憾的是，他名不见经传，曾国藩后来起用了一大批人才，按说这位贼人与曾国藩有一面之交，大可去施展一二，可惜，他的天赋没有加上勤奋，不知所终。

因此，伟大的成功和辛勤的付出是成正比的，有一分劳动就有一分收获，日积月累，从少到多，奇迹就可以创造出来。

美国政治家亨利·克莱曾经说：遇到重要的事情，我不知道别人会有什么反应，但我每次都会全身心地投入其中，根本不会去注意身外的世界。那一刻，时间、环境、周围的人，我都感觉不到他们的存在。

一位著名的金融家也有一句名言："一个银行要想赢得巨大的成功，唯一的可能就是，它雇了一个做梦都想把银行经营好的人做总裁。"

原本枯燥无味、毫无乐趣的职业，一旦投入了热情，一旦付之于勤奋，立刻会呈现出新的意义。

一个坠入爱河的年轻人，往往会有更敏锐的感觉，会在他所爱的人身上看到其他人都看不到的种种优点。同样，一个充满热忱的年轻人，他的感觉也会因此变得敏锐，可以在别人看不到的地方发现动人的美丽，这样，即使再乏味的工作、再艰难的挑战，都可以承受下来。

不管你的工作是怎样的卑微，如果你对它付以艺术家的精神、十二分的勤奋，你就可以从平庸卑微的境况中解脱出来，不再有劳碌辛苦的感觉，厌恶的感觉也自然会烟消云散。

5. 排除工作中的干扰

要打发时间就得多干事情，这是大家公认的事实。俗话说"真正忙的人是匀得出时间的"，就是这个意思。

由于工作能力突出，布朗在一个月前被公司的老板任命为部门经理。这一度使布朗非常兴奋，觉得自己终于可以在更高的平台上展现自己的聪明才智了。然而，在提升之后布朗却被新工作搞到晕头转向，他觉得有许多因素阻碍着他合理分配自己的时间。他知道他所负责的新任务是具有挑战性的，但是他又不希望完全失去控制。他所在的工作环境比较混乱、嘈杂，让他无法安静地去分配时间，正常地进行工作。他经常被公司其他同事呼来唤去，被他的老板、同级管理人员以及他自己写的报告牵扯进各种毫不相干的会议中。

　　布朗的脑子一直在高速运转着。他有太多的文件需要处理，他桌子上的文件一摞一摞地增加，而且每次他从文件堆里抽出一些准备处理的时候，就会有人要求他尽快去做其他事，要不就是电话开始响起来，要不就是电子邮件突然出现在他的显示屏上，要不就是又有一个会议要开始了。

　　一天晚上，虽然已经下班了，但是他还一个人待在办公室里，没有其他人，没有电话，也没有电子邮件，只有布朗和大量的文件。然而，布朗还是不知道该从哪里做起。最上面的文件？那摞文件可能是最重要的。最下面的文件，那一摞大概是时间最久的。布朗不禁叹息。他怎么会落到这种地步了呢？他一直是一个了不起的员工，总能有效又准时地完成各项工作，他真的是在享受工作。为什么他作为一个管理人员就失去控制了呢？怎样做才能搞清楚他应该把精力集中在哪里？怎样做才能使他重新掌握自己的时间？这些让布朗感到很头疼。他需要找到行之有效的解决办法。

　　你在每天的生活中，遵循合理分配时间和管理时间的原则，不断地学习、训练、坚持以及自我认识。在你开始朝着自己的目标努力工作和调整自己的日程表的时候，可能也会遇到妨碍你有效利用时间的各种障碍。

　　这个时候，你要辨别你所遇到的障碍，不要被这些障碍压垮了。一次处理一个障碍，把各种障碍分开，努力解决掉它们。

　　如果你所在的公司企业文化是建立在顺畅的沟通交流、持续的团队配合以及不断地协同增效的工作氛围基础上的，你可能会感到振奋。但是这样的企业文化也可能会非常容易令人分心。即使你已经安排好时间去完成某个工作，也不能保证不发生类似于某个人突然出现，或是某件事情突然产生这样的状况。由于出现的干扰问题可能很难解决，所以需要你能够适应它，找到解决它的有效办法。

如果你是一个管理人员，想高效率地工作，就要采取方法排斥浪费时间的因素。你可以关上办公室的房门，这说明现在不是适当的交流时间。你也可以利用这些干扰因素，同时做几件事情或把正在进行的每个项目的待办事项清单详细地记录到你的电脑上，随时查看。

有时候，太平易近人也不是一个有利于时间管理的因素。你每天需要花费大量的时间与他人进行交流，再花上整个晚上的时间去做本来应该在白天完成的工作。当别人进来见你的时候，你要问清楚他要讨论的是什么问题，是不是你能够或者必须马上去做的。如果不是，就可以把它们列在清单上。你还可以拿出你的清单，和他自信地研究你们两个应该讨论的问题。

此外，你还可以通过预先安排定期的会议将别人的干扰降到最低的程度，同时检查经常出现的干扰问题的类别，试着改进应变计划。

很多时候，你可以用授权的方法来排除干扰问题。但是，如果是只有你才能够解决的干扰问题，就马上去处理，以便可以回到优先事项上去。即使排除干扰花费了你半天的时间，你仍可以把精力集中在剩下的时间上。

你要知道，即便对于那些干扰影响最大的和具有很强时间敏感性的环境，合理分配时间的原则也是适用的。凭借着尝试、悟性和决心，相信你能够学会合理地分配自己的时间。

6. 世界那么大，为何不闯荡

越来越多的年轻人为了梦想而离家远行，北上南下寻找人生方向，于是有了"北漂"，有了"港漂"。每一个漂泊者，都有自己的故事，或许充满荣光，或许饱含辛酸，或许平平淡淡。但无论结局如何，他们都很少后悔自己的选择。

天天宅在家里打游戏上网聊天，或者守着一份撑不着饿不死的工作享受安逸，不如趁年轻出去闯一闯。人生最痛苦的就是后悔当年不曾为了梦想而勇敢地闯荡，最遗憾的便是不曾为了未来注满热血，放手一搏。年轻，最需要的就是一个人过一段沉默而执拗的日子，沉浸在充满力量的奋斗和努力中。对年轻人来说，磨砺才叫生活。

新东方创始人俞敏洪曾经这样说道："我发现成功人士都有一个特质，就是不安分，敢于闯荡。比如我父辈当中的很多成功者，都是随着改革开放放弃了原来的铁饭碗，只身闯荡江湖的。但这绝对不是什么'懂得放弃'的精神，而是因为他们不安分，不满足于眼前安稳的现状，我就遗传了这样的不安分基因。"他还说："我不喜欢按部就班的生活，安逸让我心里不安分。其实北大已经给了我很大的自由，因为一周上课才八小时，这之外就全是你的时间。每个月的奖金和工资还照拿，基本就是挺安逸的。要按这个走下去就是一个挺安定的生活。但后来我又想这也不太符合我的个性。因为我在外面尝到了甜头，看到我在外面一个月可以上出北大十个月的工资,这样心里就不安分了。"

就这样,从北京大学辞职的俞敏洪顶着寒风,冒着烈日,骑着自行车在北京的大街小巷里贴小广告,在一座漏风的违章建筑里,创办起了新东方英语培训学校。

后来,新东方成功登陆美国主板证券市场,俞敏洪身价在一夜之间飙升至2.42亿美元,成为了中国有史以来最富有的教师。

很多人都喜欢讨论比尔·盖茨,乔布斯等人的成功之道。抛开技术层面和营销方面不谈,从本质上说,他们两个都是"不安分"的人,都曾趁着年轻出来闯荡社会,"想给这个世界带来点新的东西",正是如此他们才会在尚未兴起的个人电脑领域做出巨大贡献。两个人连大学都没上完就敢于创业了,有多少人能做到这一点?一个循规蹈矩、"安分守己"的人,绝对不会为冒险付出任何代价。

我们应该知道,风险与机遇并存,机遇与风险同在。年轻时,如果总是怕失败,怕风浪,永远也不会碰见机遇。闻名世界的石油大王洛克菲勒就是在风险中抓住机遇的。

在美国南北战争前,时局动荡不安,各种令人不安的消息不断传出。人们都在忙着安排自己身边的事情,忙着安排自己的家庭和财产。而洛克菲勒却在利用自己的全部智慧思考着,如何从战争中获取附加利益。他想:战争会使食品和资源匮乏,会使得交通中断,使得商品市场价格急剧波动。这不是金光灿烂的黄金屋吗?走进去,一定可以满载而归!

那时候,洛克菲勒仅有一家价值四千美元的经纪公司,他决定豁出一切去拼一下!在没有任何抵押的情况下,洛克菲勒用他的设想打动了一家银行的总裁,筹到了一笔资金。然后,他便开始了走南闯北的生意之路。一切都如他预想的那样,第四年,他的经纪公司的利润已经高达一万多美元，是预付资产的四倍。在第一笔生意结账后不到半个月，南北战争爆发了，紧接着，农产品价格又上升了好几倍。洛克菲勒所有的储备都为他带来了巨额利润，他的财富就像滚雪球一样越滚越大。

经过这件事，洛克菲勒记住了一个秘诀：机遇就在动荡之中，关键在于你能否投身进去拼搏闯荡。

有人认为就应该趁着年轻出去闯一闯。满足于平庸生活的人是可悲的，当一个人满足于现有的生活时，他已经开始退化了。敢于闯荡的人总会发现一些新的东西，或者说创造一些新的东西，并且他们总能想到别人想不到的地方，敢为天下先，这是成功的必要精神。

7. 放弃路上的琐碎，拥抱更广阔的天空

成长路上难免会遇到一些不尽如人意的事情，一些人往往在大事上可以潇洒地放手，却对一些小事念念不忘。他们浪费了许多宝贵的时间在这些小事情上，而不是用这些时间去做一些有价值的事，去思考一些应该思考的问题。其实，生活有时正是因为我们太看重小事，反而过得很累。所以，如果想要成长不留遗憾，就不要抓住一些小事不放手。

约瑟夫·沙巴士是芝加哥的一名法官，他仲裁过四万多件不愉快的婚

姻案件。他曾感叹地说："大部分婚姻生活不美满的原因，通常都是一些小事情。"还有一名地方检察官也说道："在我们的刑事案件中，有很多都是起因于一些很小的事情。比如，在酒吧里说话侮辱别人，行为粗鲁不讲礼貌，最后才导致冲突的。许多犯了罪的人，都是因为自尊心受到了小小的伤害，就控制不住自己，结果酿成了悲剧。"

如果一个人希望求得心理上的平静，就不该为这些小事情忧虑。如果你能对一些小事耸一耸肩，那说明你已经变得成熟。因为只有当一个人的思想不再顾虑身边发生的一些小过失时，他才有了一种可以轻松过生活的资本。

要想克服被小事困扰的毛病，只要把自己的看法和重点改变一下就可以了。注意一些可以令自己开心的东西，做一些能令自己变得更好的事情。这样在短促的一生中，我们才不会因自己浪费了不必要的时间而伤心后悔。就如吉布林所说：生命是这样的短促，不能再顾及小事。

有位智者说："在我们的生活中，约有90%的事情是好的，10%的事情是不好的。如果你想过得快乐，就应该把精力放在这90%的好事上面；如果你想担忧、操劳，就可以把精力放在那10%的坏事情上面。"的确，如果我们能对那10%的小事放手，那就能过得舒心。

林肯说过：人只要心里决定快乐，大多数都能如愿以偿。快乐是内发的，它的产生不是由于外在事物，而是由于个人所产生的态度和观念。如果放弃不快乐的来源——过度的自尊，那你就能在发生交通堵塞或被踩脚指头这类小事时避免火冒三丈。

在科罗拉多州一座山的山坡上，躺着一棵大树的残躯。自然学家说，它有400多年的历史。它初发芽时，哥伦布刚在美洲登陆；它少年时，第一批移民刚刚到美国。400多年来，它无数次地被狂风暴雨袭击过，被闪电击中过，但它战胜了它们，存活了下来。不幸的是，它最后被一小队甲虫击倒了。那些甲虫从它的根部开始咬，在这种持续不断的攻击下，这个森林中的巨人终于倒下了。岁月不曾使它枯萎，闪电不曾将它击倒，狂风暴雨不曾使它动摇，但小甲虫却使它倒下了。

有些人就如同这棵大树，经历了生命中许多风暴的冲击，都挺了过来，结果却让对一些小事的忧虑给打败了。

如果你想让自己的生命之树不遭受小虫的咬噬，就要让自己的心学会宽待他人，就要学会放下一些小事情。当你放下的那一刻，你可能发现你的头顶上充满了耀眼的光彩，你收获了一片光明。为了使你的事业更加成功，为了使你的生命价值得到最大体现，请你不妨放弃人生道路上的琐碎，去拥抱更加广阔的天空。

人生一世，花开一季，谁都想让此生了无遗憾，谁都想让自己所做的每一件事都永远正确，从而达到自己预期的目的。可这只能是一种美好的幻想。人不可能不做错事，不可能不走弯路。做了错事，走了弯路之后，有后悔情绪是很正常的，这是一种自我反省，是自我解剖与抛弃的前奏曲，正因为有了这种"积极的后悔"，我们才会在以后的人生之路上走得更好、更稳。

但是，如果你纠缠住后悔不放，或羞愧万分，一蹶不振；或自惭形秽，自暴自弃，那么你的这种做法就真正是蠢人之举了。

古希腊诗人荷马曾说过：过去的事已经过去，过去的事无法挽回。的确，昨日的阳光再美，也移不到今日的画册。我们又为什么不好好把握现在，珍惜此时此刻的拥有呢？为什么要把大好的时光浪费在对过去的悔恨之中呢？

覆水难收，往事难追，后悔无益。

生活不可能重复过去的岁月，光阴如箭，我们来不及后悔。让我们从过去的错误中吸取教训，在以后的生活中不要重蹈覆辙，"往者不可谏，来者犹可追。"

第七章

奋斗的路上，常怀感恩之心

感恩是做人的道德，是处世哲学，是生活中的大智慧；感恩是人类的美好感情，是人的高贵之所在。奋斗的路上，人人都应当常怀感恩之心。

懂得感恩的人，往往是有谦虚之德的人，是有敬畏之心的人。

懂得感恩时，对待比自己弱小的人，会知道要躬身弯腰；对待强者，懂得抬头仰视。我们应不吝啬一声"谢谢"、一个电话、一张贺卡、一封信、一次拜访、一次聚餐、一份礼物，让真诚的感恩伴随着成长。

1. 家是起点，也是归宿

成长路上你可曾感到孤单无依，遭遇困难时你可曾感到疲惫彷徨？三毛说："家就是一个人在点着一盏灯等你。"当你受伤的时候，当你孤立无助的时候，当你一无所有的时候，回家吧！家会轻轻抚平你的创伤，家会用真情温暖你孤独的心。漂泊良久，你会发现，唯有家才是你最忠实的港湾，唯有家才是你可以停靠的码头。

有这样一个故事：

有个年轻人离别了母亲，来到深山，想要拜活菩萨以修得正果。路上他向一个老和尚问路，寒暄之际，年轻人说明动机，并问老和尚哪里有得道的菩萨。

老和尚打量了一下年轻人，缓缓地说："与其去找菩萨，还不如去找佛。"

年轻人顿时来了兴趣，忙问："那么请问哪里有佛呢？"

老和尚说："你现在回家去，在路上有个人会披着衣服，反穿着鞋子来接你，记住，那个人就是佛。"

年轻人拜谢了老和尚，起程回家。路上，他不停地留意着老和尚说的那个人，可是快到家里时，也始终未能见到。年轻人又气又悔，认为是老和尚欺骗了他。他回到家时已经是深夜了，他灰心丧气地抬手敲门。他的母亲知道自己的儿子回来了，急忙抓起衣服披在身上，连灯也来不及点着就去开门，慌乱中连鞋子都穿反了。年轻人看到母亲的样子，不禁热泪盈眶，心里立即领悟了老和尚的话。

家是生命中永恒的歌谣，无论我们是在茫茫黑暗中，还是在冰天雪地里，充满祝福与爱的歌声会永远萦绕在我们的耳畔，给我们带来希望与温暖。

我们对父母大多是这样：儿时多依赖，少时多叛逆，成年时有求居多，壮年时反感居多，老年时怀念居多。反感的最大要素，可能是他们唠叨过度，让你不胜其烦。但这令人心烦的唠叨，其实饱含着父母对儿女无尽的关爱与呵护。通过唠叨，父母把他们的智慧、他们的爱、他们的寄托与希望都赋予我们，把他们的担忧、他们的信任都传递给我们。

很多时候，父母的唠叨让你不屑一听，且心烦意乱。你便想方设法摆脱，或者远离家门，久不返归；或者不冷不热，敬而远之；或者恶语相向，有意冲撞。

在父母的唠叨声中，饱含着父母对我们的期望；在父母的唠叨声中，充满了长辈对晚辈的关怀。而这些唠叨声，如同一艘帆船、一个导航员一样，指引我们走向光明大道。在这光明大道中，又满载着一种亲情，一种父母才能给孩子的深情的爱。所以，我们不要因为父母唠叨太多而讨厌父母，甚至离家出走。其实我们都明白，父母对我们的爱没有因为我们长大了而减少半分，只是他们更能感受到社会竞争力，而这唠叨声不正是他们在为我们担心，对我们的一种委婉提醒吗？当我们在竭力指责父母的唠叨太多了的时候，应该用成熟一点的心态去看他们，知道他们是爱我们才这样做的；当我们为了让父母们的唠叨声少一点而高呼"理解万岁"的时候，是否也应换个角度，为了让自己成才而高呼一声"理解万岁"呢？

亲情是黑夜中的北极星。曾经我们因向目标追逐而忽视了它的存在，直至有一天我们不辨方向，微微抬头，一束柔光指引我们迈出坚定的脚步。不要因为父母的唠叨而烦躁，我们应该怀着感恩的心接受这一切，怀着细腻的心感受这一切，就会发现唠叨声中有着温馨的亲情，唠叨声中也藏有时间淬炼的智慧。

2. 原谅可容之言，饶恕可容之事

　　古希腊神话里有一个大英雄名叫海格里斯。一天海格里斯走在坎坷不平的山路上，发现有个袋子一样的东西挡住了去路，便一脚踢了那东西，没想到那东西不但没有被踩破，反而膨胀起来，变得更加大了。海格里斯愤怒不已，抡起一根碗口粗的木棒去砸那东西，结果它竟膨胀到把路给堵死了。

　　就在这时，一位圣人从山中走出，他对海格里斯说："快别动它，朋友，忘了它，离它远去吧！它的名字叫仇恨袋，你不侵犯它，它就会小如当初；你若侵犯它，它便会膨胀起来，把你的路给挡住，和你敌对到底！"

　　仇恨如同一把双刃剑，在你仇恨别人的时候，也正有一把剑在刺向自己。所以，当遭遇背叛伤害时，应该选择理智而不是冲动，选择宽容而不是仇恨，选择放下而不是执着，这样，才能真正走出伤害，重新开始自己的生活。

原谅可容之言，饶恕可容之事，时时宽容，处处忍让，才会达到精神上的制高点，"一览众山小"才会宠辱不惊，心境安宁。而被宽恕者自会感恩图报，以求心灵上的自我救赎，这样便达到了"双赢"的效果。

人生在世，注定要受许多委屈。而一个人越是成功，所遭受的委屈也就越多。智者懂得隐忍，往往选择原谅周围的那些人，让自己在宽容中壮大。

有一天，一个强盗突然闯进禅院，朝着正在打坐的七里禅师恶狠狠地说："快把你们禅院的钱都拿出来，不然就对你不客气了！"

七里禅师平静地指着一个木柜，说："所有的钱都在里面，你自己去取吧！不过，希望你能够给我们留下一点，因为禅院快要没米了。"

强盗得手后，就急着逃走。这时，七里禅师说："你等等。"

强盗不解地问："你想干什么？"

"收了别人的东西，应该说声谢谢才对啊！"七里禅师认真地说。

强盗迟疑了一下，对禅师说："谢谢。"然后就跑了。

天网恢恢，疏而不漏，这个强盗最终还是被捕了。衙役把他带到七里禅师面前，问七里禅师："这个人曾经抢劫过你，是吗？"

强盗非常惶恐地看着七里禅师，他知道，只要对方说一声"是"，自己的下半生就将在监狱里度过。他心想："我完了，七里禅师没有理由不指证我。"

但是令人万万没有想到的是，七里禅师竟对衙役们说："他没有向我抢钱，是我自愿给他的，而且，他也谢过我了。"

就这样，强盗逃过了一劫。但是由于他还曾在其他地方犯过案，所以被衙门处以一年牢狱。

在监狱中，强盗始终在想："七里禅师为什么没有揭发我呢？难道仅仅是因为自己对他说了声谢谢，他就宽恕了我的罪过吗？"这个问题始终困扰着强盗，但他也由此对七里禅师产生了敬重之心。从前，他在做坏事时，总觉得自己已经堕落了，无论自己将来如何改变，别人都不会宽恕自己。但是现在，强盗终于明白，还有人能够宽容自己的愚蠢和邪恶，这人就是七里禅师。

强盗服刑期满之后，立刻来叩见七里禅师，真诚地恳请禅师收他为徒。

七里禅师笑着对他说："我可以宽恕你的罪恶，但是这还不够，你自己必须要宽恕自己才行。从前的事情，你都忘了吧！从今往后，宽恕自己，宽恕别人，让你的生命重新开始。"

强盗顿悟，从那以后和七里禅师一起修禅行道，终成一代高僧。

七里禅师的宽容之心，能够让强盗走上正途，由此可见，宽容是一种多么强大的人格魅力。凡事无须锱铢必较，不必耿耿于怀，做到这一点，你将会赢得更多的尊重。

《法华经》有云："我深敬汝等，不敢轻慢。所以者何？汝等皆行菩萨道，当得作佛。"古人也说："敬人者，人恒敬之！""我敬人一尺，人敬我一丈！"宽容确实是一种博大的情怀，能够包容人世间的一切悲苦。宽容也是一种境界，它能使你得到世人的尊重，使人生跃上新的台阶。

人一生的福气有许多种，但其中最可靠的，就是宽容和爱。因为这种福气并不来自外界，而是完全发自人的内心。拥有了宽容，就拥有了佛家所说的"福报"，生命也会因宽容而获得升华。

宽容，最重要的因素便是爱心。原谅那些曾伤害过我们的人，这不是一件容易的事，但是如果我们这样做了，就会从中体会到宽容的快乐。尽管不顺心的事随时会产生，但若能宽容待人、对事，也便拥有了快乐的一生，那难道不是人生的幸事吗？

所以我们应尽量以愉快的心情处理生活上的各种问题，即使忍无可忍，也应采取理智来抑制情绪，最终使大事化小，小事化了。

春秋时期，齐襄公被杀后，公子小白和公子纠为争夺王位而战。鲍叔牙助小白，管仲助纠。双方交战中，管仲曾用箭射中了小白衣带上的钩子，小白险些丧命。后来小白做了齐国国君，即齐桓公。齐桓公执政后，任命鲍叔牙为相国。可鲍叔牙心胸宽广，有知人之明，坚持把管仲推荐给齐桓公。他说："只有管仲能担任相国要职，我有五个方面比不上管仲：宽惠安民，让百姓听从君命，我不如他；治理国家，能确保国家的根本权益，我不如他；讲究忠信，团结好百姓，我赶不上他；制定礼仪，使四方都来效法，我不如他；指挥战争，使百姓更加勇敢，我不如他。"齐桓公也是宽容大度的人，不记射钩私仇，采纳了鲍叔牙的建议，重用管仲，任命他为相国。管仲担任相国后，协助齐桓公在经济、内政、军事方面进行改革，数年之间，齐国转弱为强，成为春秋前期中原经济最发达的强国，齐桓公也成就了"九合诸侯，统一天下"的霸业。

林肯总统对政敌素以宽容著称，引起一些议员的不满。林肯微笑着回答："当他们变成我的朋友，难道我不正是在消灭我的敌人吗？"一语中的，多一些宽容，公开的对手或许就是我们潜在的朋友。

3. 对不喜欢你的人，也要微笑

一个聪明的人，必然是一个拥有博大胸襟并能够包容他人的人。

无论是在从商过程中还是工作生活中，我们每天免不了要与形形色色的人打交道，在这些人中，难免会有自己不喜欢的人。比如你讨厌的老板，你不喜欢的长辈，你厌恶的同事，甚至讨厌与你素不相识的人。如果你与他们个个都要较真，你每天不知道要得罪多少人，也不知道要生多少气。

你不喜欢他，不代表他不存在。你将厌恶写在脸上，或者不理睬，甚至是恶声恶气，只能说明你气量狭小。能容得下不喜欢的人并与之和睦相处，体现的不只是一个人的修养，更是气度和胸怀。

我们早就不是单纯的孩子，至少要懂得与人为善、不轻易树敌的道理，遇到不喜欢的人，适当的忍让，保持关系表面上的和谐，才能顾全大局。我们要清楚，在当今这个社会，很多事都必须通过跟人打交道，通过团队协作才能拿到想要的结果。

虽然人的某种本能趋势就是与自己喜欢、欣赏的人靠近，而远离那些自己不喜欢、不愿意打交道的人，但是，生活中没有那么多的随心所欲，由于各种各样的原因，我们经常要与自己不喜欢的人，甚至是与自己相敌对的人打交道，这就需要用到一些技巧：用真诚的态度对待每一个人，包括你不喜欢的人。

被后世誉为"全世界最伟大的矿产工程师"的哈蒙大学毕业后，在德国弗来堡继续攻读了3年。当毕业后的哈蒙向美国西部矿业主哈斯托求职时，脾气执拗、注重实践、不太信任专讲理论的人员的哈斯托说："我不喜欢你的理由就是因为你在弗来堡做过研究，我想你的脑子里一定装满了一大堆傻子一样的理论。因此，我不打算聘用你。"

这时，哈蒙没有怒气冲冲地为此事争执，反而假装胆怯，对哈斯托说道："如果你不告诉我的父亲，我将告诉你一句实话。"当哈斯托表示守约后，哈蒙便说道："其实在弗来堡时，我一点学问也没有学回来，我尽顾着实地工作，多挣点钱，多积累点实际经验了。"

听完哈蒙的回答，哈斯托连忙笑着说："好！这很好！我就需要你这样的人。"

哈蒙了解了哈斯托的偏见后，并没有去斤斤计较，反而是尊重他的意见，维护他的"自尊心"并巧妙地消除了他的顾虑。

学会和不喜欢你的人相处，并不如想象之中难，摒除自己的偏见是关键。不喜欢某些人也并不代表一定就要完全讨厌对方，只要我们试着摆正心态，主动一点，就一定会将可能形成的敌对局面变成一片和谐。

有一位著名的音乐家，在成名前曾经担任过俄国彼德耶夫公爵家的私人乐队的队长。突然有一天，公爵决定解散这支乐队，乐手们听到这个消息的时候，一时间全都面面相觑、心慌意乱，不知道如何是好。看着这些和自己一起同甘共苦许多年的亲密战友，他食不甘味、睡不安稳，绞尽脑汁、想来想去，忽然有了一个主意。

他立即谱写了一首《告别曲》，说是要为公爵做最后一场独特的告别演出，公爵同意了。

这一天晚上，因为是最后一次为公爵演奏，乐手们表情呆滞、万念俱灰，根本打不起精神，但是看在与公爵一家相处这些日子的情分上，大家还是竭尽所能、尽心尽力地演奏起来。

这首乐曲的旋律一开始极其欢悦优美，把与公爵之间的情感和美好的友谊表达得淋漓尽致，公爵深受感动。渐渐地，乐曲由明快转为委婉，又渐渐转为低沉，最后，悲伤的情调在大厅里弥漫开来。

这时，只见一位乐手停了下来，吹灭了乐谱上的蜡烛，向公爵深深地鞠躬，然后悄悄地离开了。过了一会儿，又有一名乐手以同样的方式离开了。就这样，乐手们一个接着一个地离去了，到了最后，空荡荡的大厅里，只留下了他一个人。只见他深深地向公爵鞠躬，吹熄了指挥架上的蜡烛，偌大的大厅刹那间暗了下来。

正当他也像其他乐手一样，正要独自默默地离开的时候，公爵的情绪已经达到了顶点，他再也忍不住了，大声地叫了起来："这到底是怎么一回事呢？"他真诚而深情地回答说："公爵大人，这是我们全体乐队在向您做最后的告别呀！"这时候公爵突然省悟了过来，情不自禁地流出了眼泪："啊！不！请让我再考虑一下。"

就这样，他用一首《告别曲》的奇特氛围，成功地使公爵将全体乐队队员留了下来。他就是被誉为"音乐之父"的世界著名音乐家——海登。

在滚滚红尘中，作为芸芸众生的你我有不少人会这样做：你对我不好，我也不会对你好。比如，在被抛弃、被厌恶的时候，往往会愤愤离去，甚至采取报复行为；还有这样一种情况，有的人在抛弃对方或者准备跳槽时，也不愿意给对方留下一个好的印象，结果出现了一种糟糕的结局。

相反，海登深知，即便是最后的时光，也要一样无限美好地离去，为的是给双方留下一些更美好的或是更值得他日回忆的东西。结果，他真情大度的告别扭转了局面。

包容和忍让是最重要的。哪怕你善待对方，对方还是对你不好，你仍旧要继续保持与对方友好的态度，毕竟草木皆有情，更何况是人呢？只要心存善念不断地付出，对方一定会转变。

一个真正智慧的人，在对待自己不喜欢的人时，也会示以尊重，笑脸相迎，友好相处。所以，为了不因对某人毫无理由的"好恶"而到处树敌，我们也应该学着去和自己不喜欢的人友好相处，尝试着去接纳对方，甚至要尝试和敌人微笑拥抱。这是气度，更是胸襟。

4. 恰当的批评，如大海上的航标

松下幸之助曾经说过：有人骂是幸福。挨批挨骂，才更有可能向上进步。挨骂挨批的人，应有雅量把别人的责骂当作自己追求上进的依据，这样的批评才能发生效果。如果对受到批评反感，表示不愉快的态度，就失去了再次接受良好意见的机会，以后我们的进步也就停滞了。恰当的批评正如大海上的航标，指引着巨轮的方向。

在罗斯福任美国总统期间，当他去打猎的时候，他就会去请教一位猎人，而不是去请教身边的政治家。反之，当他讨论政治问题的时候，他也绝不会去和猎人商议。

据说有一次，他和一个牧场工头外出打猎，他看见前面来了一群野鸭，便追过去，举起枪来准备射击。但这时那个工头早已看见不远的地方还躲着一头狮子,忙举手示意罗斯福不要动,罗斯福眼看野鸭快要到手,于是对他的示意没有理睬。结果,狮子听到枪声后跳了出来,窜到别处去了。等到罗斯福瞧见,再赶紧把他的枪口移向狮子时,已经来不及开枪,只好眼睁睁地看着它逃跑了。牧场工头瞪着眼睛,向他大发脾气,骂他是个傻瓜、冒失鬼,最后还说:"当我举手示意的时候,就是叫你不要动,你连这点规矩也不懂吗?"

面对牧场工头的责骂,罗斯福竟然接受了,并且以后也会毫不怀疑地处处对他服从,好像小学生对待老师一般。他深知,在打猎问题上,对方确实高他一筹,因此,对方的指教于他确是有益处的。

别人批评我们,大多时候是因为我们确实存在缺点,很多人在批评我们的同时,也经常会给我们一些意见。这样,我们所受的批评越多,进步的良方也就越多。由此可见,善于听取他人的意见,对于事业的成功是十分有益的,有时甚至是非常必要的。

查尔斯·卢克曼是培素登公司的总裁,每年花一百万美元资助鲍勃霍伯的节目。他从来不看那些称赞这个节目的信件,却坚持要看那些批评的信件。因为他知道他可以从那些信里学到很多东西。

有时候,我们确实有可能受到不公正的批评,这时,我们也应沉住气,采取正确的处理方式,不年轻气盛,以错对错。

有一个企业,提前做好了人事调整的安排,老总跟秘书讲,千万不能透露消息,以免影响到大家的情绪。秘书同意了。

但是后来,很多人不知怎么竟然得知了公司的调整安排。在开会时,老总毫不留情地批评了秘书,说他向员工泄露了人事安排等事。老总的措辞有些严厉,秘书很难接受,他感到非常生气、丢面子,年轻气盛的他情急之下跟老总顶了两句,讲了一些过火的话:"大不了我就不干了!我根本就没泄露!"

公司里的其他员工都为他捏了一把汗。谁知老总并没有开除他,而是把他叫进自己的办公室里,耐心地对他说:"我冤枉你了,是我不对。但以后,千万不要出现这样的情况了。无论批评正确与否,都要抱着'有则改之,无则加勉'的态度,耐心地听进去,有什么出入也要心平气和地讲清楚,怎么能一批就跳,意气用事呢?"

听了老总的话,秘书大受感动,主动承认了自己的错误。他同时还明白了接受不公正的批评也是一种有修养的成熟表现。

俗话说:"恭维是盖着鲜花的深渊,批评是防止你跌倒的拐杖。"因为自尊心在作祟,人们大都不喜欢受到批评,但只有接受批评才能不断让自己进步,并且找出自己的弱点加以改正。爱因斯坦非常看重他人的批评,他承认百分之九十九的时候他都是错的。面对批评,我们首先要控制情绪,理智分析,有则改之无则加勉。

接受他人的批评不是不相信自己,而是更加勇敢,更有自信的表现。人本来就是学习型的生物,一个自信、勇敢的人乐于听从别人的意见,一方面是勇敢承认自己的不足,另一方面也是自信能够从别人的意见中吸取到经验,寻找更好的处理事情的方法。

生活中,总有很多人看我们不顺眼,用尖酸刻薄的话来侮辱刺激我们,我们把这样的人当成敌人。然而,罗契方卡说:敌人的意见,要比我们自己的意见更接近于实情。如果有人批评我们,这时不要先替自己辩护。仔细思考敌人的话到底对不对,如果看我们不顺眼的人所指出的错误确实存在,我们反而应该感谢他们。

当然,感谢看自己不顺眼的人非常困难。但这么想想可能就想通了:每个人都会遇上自己一见就不喜欢的人。同理,你也会遇上一见就不喜欢你的人。你有原因不喜欢对方,对方也有。被别人看不顺眼,嫌弃了,这里面就有了值得你注意的问题。一般来说，喜欢我们的人会包容我们的缺点，所以在他们眼里，我们是完美的。但是，不喜欢我们的人，因为看不顺眼，所以总是会揪着我们的错处和短处，动辄得咎。不管怎么说，我们总是有短处和错误的，改掉就是了。

刚入职的章珊觉得前辈讨厌自己，根本不给她安排工作，就连开会也把她当成透明人。章珊不明白是什么原因，每天惴惴不安。原来半个月前，章珊当着上司的面，指出了前辈方案的缺陷。作为新人，章珊的行为使前辈的自尊受挫，还给人留下了爱出风头的印象，也难怪会被同事们孤立。怎么和上司或者同事相处，什么话该什么时候说、怎么说，什么事情该做、怎么做，都是一门学问。后来，她想明白了这一点，逐步改掉缺点之后，同事间的关系也逐渐好转了。

黄希虽然工作勤恳，但是能力不高，老实固执，上司对他很不满意，给他安排的工作是最初级的，涨薪幅度也是最低的。意识到这个问题后，黄希决定给自己"充电"，多学一点新鲜的知识，让自己快速发展。他明白：上司或者同事看你不顺眼，有时候不是无缘无故的，除了你能力不足，还可能是你不会待人处事。你不想被人冷落，那就审视自己，提升自己。

不同的人站在不同的立场，会有不同的看法。有时候，我们需要站在别人的角度上看看自己。自己如果有问题，那必须纠正。需要注意的是，这并不是要我们被别人的意见所左右，被那些闲言碎语所影响，做事应当坚持主见。别人的评价有对有错，我们要听取的是其中对的、值得我们去改变自己的那部分。其他的，我们无须改变。

职场上也有"爱之深责之切"的事情，就是我们常说的"激将"。看我们不顺眼的人，常常会促使我们不断完善自己。明白了这个道理，就应当正视他人的批评和冷言冷语，不断纠正自己，对批评我们的人说声"多谢指点"。真正对看自己不顺眼的人做出谢谢的表现，能更加完善自己的人格。

李特尔是18世纪德国地理学开创人之一，他慷慨地提拔年轻的批评者弗勒贝尔的故事是感人至深的。

李特尔非但不嫉恨和打击这位鲁莽的批评者，反而把批评他的文章推荐给一个著名的学术刊物，而且他本人还在公开发表的评论里，对这位青年学者的"敏锐头脑"和"真挚思想"大加赞扬。后来弗勒贝尔来到柏林，李特尔还热情接待，为他安排当时他极为需要的工作。一位受人尊敬的学术权威，如此对待一位毫不客气地批评他的后生，是否会使那些害怕甚至敌视批评的人汗颜呢？

面对看我们不顺眼的人，与他们争得面红耳赤没有任何意义，最后说不定还会成为别人说三道四的把柄。不如表现得优雅些，我们做得好，没必要争，别人看得清楚；我们做得不好，就说声"感谢"。

5. 一次失败的爱情，就是一次成长的机会

有个失恋的女人说："经历过这段感情后，我才发觉自己以前根本不懂得爱。以为是爱，其实只不过是对伴侣不停的要求，要求自己被宠爱，要求对方服从……以前总是觉得自己是受害者，觉得永远是他的错，辜负了我的一往情深。但是，我后来发现自己错了，他不是没有为我付出，是我辜负了这段感情。"

不懂爱情的姑娘总是喜欢另类的异性。比如，喜欢上发型古怪、成绩不好、脾气暴躁的人。而喜欢的理由则是：就是喜欢你的与众不同。然而，经历过爱情伤痛后变成熟的人则会说：让这种男人见鬼去吧！

失败的恋情，首先是一种不幸，但是随后却是一种幸运。一个人能经历一段失败恋爱的旅程是有福的，他能从固执、迷乱、痛苦到开悟、平静和喜乐。这样的爱，没有白费生命和青春，而是为我们带来了最大的意义——让人获得成长的机会，变得更加成熟。

张晨是一个模范丈夫，他很懂得爱他的妻子。但这一切都源于一段失败的爱情。大学时，名不见经传的张晨赢得了系花胡玥的芳心。这大大满足了他的自尊心，甚至使他有了吹牛皮的资本。他说："就是这种虚荣心断送了我和胡玥的幸福。这就是年少轻狂吧。"

五年后，虽然胡玥的父母看不上张晨，几次逼他们分手，但是胡玥还是顶住了父母的压力和张晨订了婚。

一天晚上，张晨和几个同事喝酒，酒酣耳热之际，不知谁起头说："就不信你和胡玥感情就真那么铁？不信就打赌，从现在开始你冷落她一个月，看她还跟不跟你好？"张晨头脑一发热就答应了，赌注是一顿饭。

谁知，当晚胡玥突然来找他，听大家说起打赌的事情，胡玥当时的脸色就白了，眼神也不对。可张晨在哥们儿面前不好示弱，又喝了酒，就只作满不在乎。僵持了很久，胡玥张口想说什么，却什么也没说，只是将订婚戒指拔下来掷还给了张晨。

后来的张晨说："当时为了面子，我连一句挽留的话都没有说，她是含着眼泪离开我的。从那以后，她再也没有原谅我。"

拿千金不换的爱情赌一顿饭，用满足虚荣碾碎了恋人的心，这是不成熟。后来，张晨成熟了，他说道："我想清楚了另外一件事，当你拥有一份感情的时候，你一定要用心去对待它。"

初恋往往无法成功，是因为不成熟，没有能力让那场恋爱生存下来。据说，初恋结婚成功率只有千分之三。思想的不成熟和冲动导致了很多恋情无疾而终，甚至成为了伤痛的过往。所以，赵本山小品里说："初恋，根本不懂爱情。"

有人说："一个人至少有三次恋爱的经历。"《前度》的导演麦曦茵说："每一个前度，都是一次成长。"爱情的失败让我们发现了自己的缺点，有了接受和改变自己的机会。感谢那些相爱过的人，他给过我们的不仅是爱，还有让我们成长的机会，让我们明白什么是爱。

不懂事的时候，觉得恋爱就是简单的两情相悦，喜欢就好。而这样单纯的爱，往往走不到尽头，或者到了最后被现实打磨得七零八落。唯有经历过几次，我们才知道自己想要的是什么，才能选一个适合的人地老天荒。这就是经历后的成熟。

李连杰曾经在《艺术人生》里谈及自己和前妻的婚姻。他说："因为太早出名了，很小的时候又不知道感情是什么，就知道这个女孩漂亮，那个女孩对我好，就这么简单。"

　　李连杰表示第一次婚姻的失败在于对爱情的不成熟，没有为爱付出。他曾经说："以前觉得被爱幸福，那是年轻人的想法，真正进入生活的时候，你爱他人的感觉真的是快乐的。我觉得是说你付出他也付出，他付出你也付出，就是彼此这样不断付出。"

　　有人说："离过一次婚的男人是个宝。"原因是经历过失败的爱情的人更加成熟。这也正是现在很多女孩子找对象都更愿意找一个比自己大一点的成熟男人的原因，她们明白和同龄或者比自己小的交往你只能像照顾弟弟一样纵容忍受着他。而一个比自己大的男人，更沉稳、懂生活、有内涵，会更懂得照顾女人、经营家庭，更可能过一辈子。

　　台湾漫画家朱德庸说过的一句话非常好：失忆、失恋、失婚以至我们在爱情里所受的苦，都不过是一块跳板，令你成长。失败的恋情是人生的一段经历，从中有所成长，这样才能对得起下一个真正珍惜自己的他。因为成长之后的爱情，才是更圆融的爱。

　　一次失败的爱情就是一次成长的机会。失恋并不可怕，可怕的是在失恋的泥沼中不能自拔。

6. 德商决定你的一切

一个人智商再高，但如果失去了做人的道德标准，他将失去一切。

人的一生需要源源不断的支持才能成功。如果把人生大成比喻成要爬越一面两人高、光滑无比、没有什么东西可以成为支点的墙面时，若想获得大成就需要你的亲人、朋友以及其他的支持者，在你的背后成为支持你的力量，或者比你高一层的人欣赏你、提携你。只有这样你才能跨越人生之墙，达到成功境界。

可是我们中的很多人往往是让自己的助力变成了阻力——如果你有很高的德商的话，那身边所有人都会是你的助力；可是当你失去德商的话，你的助力就将成为你的阻力。

据史书记载，商纣王天生神力、异于常人，能够托梁换柱，倒拽九牛，徒手与兽搏斗。此外，他还天赋聪颖，才思敏捷，能言善辩。可见，我们印象中的"暴君"纣王，绝非传统意义上的低智商的"昏君"。

以纣王独有的天赋，本可治理好国家，成就惊天动地的伟业，与祖先商汤、盘庚、武丁等明主一并载入史册，扬名后世。但令人遗憾的是，他的聪明才智未能用到好的地方。

具体表现在他一系列"缺乏德行"的行为中：荒淫无度，宠信奸妃妲己，建造"酒池肉林"；凶残成性，创立炮烙、蛊盆等多种残酷刑法；残害忠良，就连自己的叔父比干也要"挖心"而后快……

纣王的所作所为真是人性泯灭，罄竹难书，因而在周武王起兵伐商后，早已恨透纣王的百姓纷纷阵前倒戈。纣王见大势已去，便自焚身亡，商王朝也随之覆灭。至此，纣王终于在史册上稳坐"首席暴君"的头把交椅。

天时、地利、人和这治天下的三大要素商纣王原来都拥有了，但由于自己"德行不够"以致众叛亲离，国破家亡。德商是立人之本，是我们成功道路上不可缺少的基石，拥有了较高的德商我们才能拥有自己的人脉，为成功的人生道路铺上坚实的基础。

要提高自己的德商，你必须光明磊落、心地纯洁、公正无私、宽厚仁爱。只有这样你才能真正拥有健康、成功和幸福。

我国著名教育家陶行知先生说："千学万学，学做真人。"古代圣人们也告诉我们：德高才能望重。我国最著名的高等学府清华大学的校训是：自强不息，厚德载物。意思就是说：道德是人生的基础，以后人生发展的每一步，都跟我们是否有高尚的道德有着直接的关系。

隋炀帝杨广就是很典型的例子。

杨广是隋文帝杨坚的第二个儿子，年少好学，善诗文，著有文集55卷。开皇元年（公元581年），年仅13岁的杨广被封为晋王，做了并州的总管，拱卫京城。随后，杨广亲率军队统一国家，组织修建畅通国脉的京杭大运河，亲自开拓、畅通丝绸之路，开创科举，修订法律。

不可否认，杨广真的是才华出众。但有才的杨广总不免恃才傲物、我行我素，由于缺少道德监控和自我约束，导致他后来做出大逆不道的弑父篡位之举。成为皇帝后，他过度沉迷于享乐之中，无心治国，走上了荒淫无道、自取灭亡的不归路。

唐太宗说过，"以铜为镜，可以正衣冠；以史为镜，可以知兴替；以人为镜，可以明得失。"所以，有才无德之人既让人感到可怕，又让人觉得可惜。这种德商非常低的人虽然不多，可一旦他们掌握了权力便会贻害无穷。

其实，一个人是否能成才成功，智力因素往往仅占20%，而另外起作用的80%是人格因素。良好的品德是人格的重要组成部分。如果忽略了品德培养和健康人格的构建，就容易出现一些智商很高、成就很小的人，甚至有的智力优秀的人成了"歪才""邪才"。真正大成的人，是道德与智慧并存的。

《国语》曰："从善如登，从恶如崩。"登喻难，崩喻易。人学恶学坏很容易。要杜恶从善，就要下定决心，从点滴做起、小处做起、眼前做起，切实"不以恶小而为之"。

古代有位名叫乐羊的人，在路上拾到一块金子，拿回家里，被他的妻子批评了一通，指出"拾遗求利"会"污其行"，劝他要励志洁行，不要苟取贪得；三国时的刘备，临终前还嘱咐刘禅"勿以恶小而为之"。他们都认识到了"由小变大"的可能性，"小恶"会发展到"大恶"，小错误会发展成大错误，到头来多行不义必自毙，那就要悔之不及了！

人生在世，总要有个基本的生活态度，起码要自觉做到为善不为恶。对于善与恶的解释，不同的阶级当然有不同的标准。对我们来说，就是要为人民做好事，不做坏事；要有益于人民群众，不是有害于人民群众。山不拒细壤，固能成其高；海不拒涓流，才能成其大；坚持做小的好事，才可以做大的好事。

7. 不忘反思，以责人之心责己

人有一个共性，就是喜欢指责别人而原谅自己。比如，说别人闯红灯是没素质，而一旦自己为之便总是心安理得，迅速地原谅自己，这是非常不利于个人成长的。因此，定期花一些时间挖掘一下自身的缺陷和存在的问题，是非常必要的一件事。在某些情况中，"以责人之心责己"就显得尤其必要。

有一位太太多年来不断指责对面太太很懒惰："那个女人虽很有钱，可她的衣服永远洗不干净，看，她晾在院子里的衣服，总是有斑点，我真的不知道，她怎么连衣服都洗成那样子……"直到有一天，有位明察秋毫的朋友到她家，才发现不是对面的太太衣服洗不干净。这位细心的朋友拿了一块抹布，把这位太太的窗玻璃上的灰渍抹掉，说："看，这不就干净了吗？"原来是这位太太自己家的窗户太脏了。

上面的故事告诉我们：不能把一切错误都归结到别人身上，而认为自己做得无懈可击。霍贝斯说：善于观察别人的人，常常疏于观察自己。一个人不能够整天只知道责备别人，整天在那里挑别人的毛病。遇到事情，多看看自己身上的缺陷，多在自己身上找问题，才是正确的观察自己、反省自己的方法。一味地责怪别人真的不应该，因为我们没有资格，我们既非凌驾于任何人之上的神，也不是谁的主宰者。

在心理学上曾有个很有趣的实验，用镜子来测试动物有没有"自知之明"。

实验者先把一面镜子放进黑猩猩笼中，十天之后，将黑猩猩麻醉，在它额头上点了一个无臭无味的红点。黑猩猩醒来后，镜子还没有放进来前，它并不会用手去摸额头，但是当镜子放进笼子后，黑猩猩一看到镜子中的"倩影"，便立刻用手去摸额头，而且用力去搓，表示它知道镜中的是自己，而且知道自己额头上原来是没有红点的。

如果省略第一步，没有让黑猩猩先接触到镜子，后来它虽然看到镜中的自己额头上有红点，但不会用手去摸，因没有以前的自我可作比较，也就无从判断。没有比较就不会用力去把不是自己心甘情愿点上去的红点搓掉。

这个实验很让人震惊，当一个人不知道自己原来是什么样时，就只好任人摆布，而不去抗争。但是一旦照过了镜子，知道自己是什么样子，那么一有非自主的改变便会立刻发觉，而且这个认识出现后是不可逆转的，已经知道便无法再假装不知道，他会在镜子前面一直看，所以有没有自知是非常重要的。

人类作为万物之灵，更应该有自知之明。我们必须清楚，世界上不存在十全十美的人。每个人都有犯错误的可能，每个人都潜藏着这样那样的缺陷，在等待被挖掘和被发现。我们若是只顾着把时间用在观察别人的过失上，只是把精力用在追究别人的错误上，哪里还有时间和精力去完善自我，去成就自己的事业呢？一味地指责他人，寻找各种借口来推卸责任、掩盖自身的错误，其实是为了维护个人利益。责人应先责己，这是一个人应有的品格和态度。

在日常生活中，我们要认真看待和查找自身存在的问题，勇于责己，不护己短，正确对待批评与自我批评。这样才能在遇到困难和挫折时，及时找出问题所在，从而总结教训，扬长避短，提高做事效能。卓越的人会经常反省自身存在的不足，然后加以改变，完善自我。相反，那些总是狂妄自大，极力贬低别人的人，则大多是平淡无奇之辈。

俗话说："金无足赤，人无完人。"人活在世上，谁都难免有这样或那样的缺点和错误，谁都难免有不足的一面。重要的是，我们要有自省能力，懂得反省自己。

一个人是否具有反省能力对其做人很重要，而且只有懂得自省的人才能跟上时代的步伐。每个人都不可能永远不犯错误，因此，及时自省和进行自我批评是纠正自身错误、实现快速成长的关键所在。

然而，实际情况是，批评他人容易，自我反省却难得多。对许多人来说，缺点永远长在别人的身上，自己则是完美无瑕的。即便是有些过错，也会千方百计地找出各种理由来为自己开脱，或者面对别人的指责，不仅不自省，反而恶语相向。试问：这样的人如何超越平凡，成为一个卓越的人呢？

面对激烈的竞争，面对瞬息万变的市场环境，那些不愿意反省自己，及时察觉自身缺点，或者不愿意及时改正错误的人，落伍是在所难免的。只有懂得自省的人才能在反省中逐渐成熟，在反思中不断成长。

看到别人的优点，就要设法使自己也具有同样的优点，看到别人的缺点，就要反思自己，看自己是否也存在类似的缺点。在《论语·学而》中曾子也说："吾日三省吾身。"人应该经常反省自己，并从反省中获取前进的力量。

大禹做部落联盟首领时，一个背叛的诸侯有扈氏率兵入侵。大禹派他的儿子伯启抵抗，结果伯启被打败了。他的部下很不服气，要求继续进攻，但是伯启说："不必了，我的兵比他多，地也比他大，却被他打败了，这一定是我的德行不如他，带兵方法不如他的缘故。从今天起，我一定要努力改正过来才是。"此后，伯启每天很早便起床工作，粗茶淡饭，照顾百姓，任用有才干的人，尊敬有品德的人。一年后，有扈氏知道了，不但不敢再来侵犯，反而自动投降了。

人并非生来就是圣人，心中难免会有罪恶、虚伪的念头。存有了这些念头并不可怕，可怕的是一味放纵和宽恕自己，从而造成恶性循环，最后毁了自己。一个人只有不断地洗涤自己的心灵，破除思想上的桎梏和精神上的迷雾，才能不断实现超越，告别平庸。

春秋时期，宋国一度内政不修，引起动乱。当时的国君宋昭公落得众叛亲离，被迫出逃。在路上，宋昭公进行了深刻的反思，他对车夫说："我知道这次被迫出逃的原因了。"车夫问："是什么呢？"宋昭公说："以前，无论我穿什么衣裳，侍从都说我漂亮，无论我有什么过失，大臣都说我英明。这样，内外两方面我都发现不了自己的过失，最终落得如此下场。"从此，宋昭公改弦易辙，注重品德修养，不到两年，美名传回宋国。宋人又将他迎回国内，让他重登王位。他死后，谥为"昭"，就含有称赞他知过必改的意义。

遇到失败或挫折，假如能像伯启和宋昭公那样，肯虚心地检讨自己，马上改正自己的不足之处，那么最后的成功一定是属于你的。

第八章

克服人性弱点，越奋斗越成熟

在人与人的交往中，若不懂处世的方法，肯定会处处碰壁，遭遇事业和人生的失败。

俗话说："十年河东，十年河西。"在社会发展日新月异的当今时代，人情世事的变化速度无疑更快，用不了"十年"就可能发生此消彼长的变化，人们相互间更是"低头不见抬头见"。在这种情况下，如果把话说得太满，把事做得过绝，将来一旦发生了不利于自己的变化，就难有回旋的余地了。

要想在这个高效运转的社会保护自己，获得发展，取得成功，过得幸福……那么，必要时我们要懂点人心、知点人情，克服一些人性的弱点，奋斗的你，可以不成功，但不能不成熟。

1. 和他人保持适度的距离

每个人都需要一个能够把握的自我空间，它犹如一个无形的"气泡"为自己划分了一定的"领域"，而当这个"领域"被他人触犯时，人便会觉得不舒服、不安全，甚至开始恼怒。

许多人都有这样的经验和体会：与某人的关系越亲密，越容易经常与其发生摩擦和矛盾，反倒不及与初次见面者交往容易。家庭成员、情侣之间常常相互埋怨，正是这种情况的表现。按理说应该是交往得越深，就越容易相处，相互之间的人际关系也越好，可事实上并非如此。原因何在？

这其实可以用心理学上的刺猬法则（也叫心理距离效应）来解释：

刺猬法则说的是这样一个十分有趣的现象：在寒冷的冬季，两只困倦的刺猬因为冷而拥抱在了一起，但是由于它们各自身上都长满了刺，紧挨在一起就会刺痛对方，所以无论如何都睡不舒服。因此，两只刺猬就分开了一段距离，可是这样又实在冷得难以忍受，因此它们就又抱在了一起。折腾了好几次，它们终于找到了一个比较合适的距离，既能够相互取暖又不会被扎。这也就是我们所说的在人际交往过程中的"心理距离效应"。

在现实生活中，这种例子举不胜举。一个你原来非常敬佩或喜欢的人，与其亲密接触一段时间后，当对方的缺点就日益显露出来，你就会在不知不觉中改变自己对其原有的感情，甚至变得非常失望与讨厌他。夫妻、恋人、朋友以及师生之间都不例外。

曾有人做过这样一个实验。在一个大阅览室中，当里面仅有一位读者的时候，心理学家便进去坐在他（她）身旁，来测试他（她）的反应。结果，大部分人都快速、默默地远离心理学家到别的地方坐下，还有人非常干脆明确地说："你想干什么？"这个实验一共测试了80个人，结果都相同：在一个仅有两位读者的空旷阅览室中，任何一个被测试者都无法忍受一个陌生人紧挨着自己坐下。

由此可见，人和人之间需要保持一定的空间距离。人人都需要一个能够把握的自我空间，它犹如一个无形的"气泡"为自己划分了一定的"领域"，而当这个"领域"被他人触犯时，人便会觉得不舒服、不安全，甚至开始恼怒。

法国前总统戴高乐曾经说过："仆人眼里无英雄。"这也说明了人在和他人的交往过程中应该留有一定的余地——相应的心理距离，否则伟大也会变得平凡。戴高乐是一个非常会运用心理距离效应的人，他的座右铭是：保持一定的距离！这句话深刻地影响了他与自己的顾问、智囊以及参谋们的关系。在戴高乐担任总统的十多年岁月中，他的秘书处、办公厅与私人参谋部等顾问及智囊机构中任何人的工作年限都不超过两年。他总是这样对刚上任的办公厅主任说："我只能用你两年。就像人们无法把参谋部的工作当作自己的职业一样，你也不能把办公厅主任当作自己的职业。"这就是他的规定。

后来，戴高乐解释说，这样规定有两个原因。第一，他觉得调动很正常，而固定才不正常。这可能是受到部队做法的影响，因为军队是流动的，不存在一直固定在一个地方的军队。第二，他不想让这些人成为自己"离不开的人"。唯有调动，相互之间才能够保持一定的距离，才能够确保顾问与参谋的思维、决断具有新鲜感及充满朝气，并能杜绝顾问与参谋们利用总统与政府的名义来徇私舞弊。

戴高乐的这种做法值得我们深思。如果没有距离，领导决策就会过分依赖于秘书或者某几个人，易于让智囊人员干政，进而使他们假借领导名义谋一己之私，后果将会非常严重。两者相比，还是保持一定距离为好。

在美国著名人类学家爱德华·霍尔博士看来：通常而言，彼此间的自我空间范围是由交往双方的人际关系与他们所处的情境来决定的。

据此，他划分了四种区域或者距离，每种距离分别对应不同的双方关系。

（1）亲密距离。这是人际交往中的最小距离，甚至被叫作零距离，也就是人们经常说的"亲密无间"。它的近范围是在6英寸（约0.15米）内，在此距离内，人们相互之间可以肌肤相触，耳鬓厮磨，以至能够感受到对方的体温、气味以及气息。

它的远范围是6~18英寸（0.15~0.44米），在此距离内，人们可以挽臂执手或者促膝谈心，通过一定程度上的身体接触来体现出相互之间亲密友好的关系。

在现实生活中，这种距离主要出现在最亲密的人之间。在同性间，常常仅限于贴心朋友；在异性间，仅限于夫妻与恋人。

所以，在人际交往过程中，倘若一个不属于该亲密距离圈中的人，在没有经过对方允许时随意闯入这个空间，无论其用心与目的怎样，都是不礼貌的行为，都会引起对方的反感与彼此的尴尬，一般会自讨没趣。

(2) 个人距离。这是在人际交往过程中稍有分寸感的距离。在此距离内，人们相互之间直接的身体接触已不多。其近范围在1.5~2.5英尺（0.46~0.76米），以能够互相握手及友好交谈为宜。这是熟人之间交往的空间。若是一个陌生人贸然进入此空间，就会构成对他人的侵犯。

其远范围在2.5~4英尺（0.76~1.22米）。所有朋友与熟人都可以自由进入该距离，但一般情况下，和比较融洽的熟人谈话时，距离更靠近远范围的近距离一端，而陌生人之间交往时则更靠近远范围的远距离一端。

(3) 社交距离。它和个人距离相比，无疑又远了一步，体现的是一种社交性或者礼节上的比较正式的关系。其近范围是4~7英尺（1.2~2.1米），人们在工作场所与社交聚会上通常都保持这种空间距离。

一次，主办人在安排外交会谈座位的时候发生疏忽，在两个并列的单人沙发中间未摆放茶几。结果，坐在那儿的两位客人一直都尽可能靠在沙发的外侧扶手上，而且身体也经常后仰。可以看出，在不同的情境和关系下，人们就需要调整不同的人际距离。倘若距离和情境、关系不对应的话，就会使人们出现明显的心理不适。

这种社交距离的远范围是7~12英尺（2.1~3.7米），它被认为是一种更正式的交往关系。

在公司里，经理们一般使用一个大而宽阔的办公桌，并在离桌子一段距离处摆放来访者的座位，这样就能和来访者在谈话时保持一定的距离。同理，在企业领导人之间谈判、工作招聘面试、教授与学生的论文答辩等时候，也常常都要隔一张桌子或者保持一定的距离，这样便增加了庄重的气氛，也增加了双方的适应程度，显得更得体与正式。

(4) 公众距离。这种距离是在公开演说时演说者和听众之间保持的距离。它的范围一般在12~25英尺（3.7~7.6米），其最远范围在上百英尺以外。

这是一个基本上能够容纳所有人的"门户开放"空间。在此空间内，人们是可以相互之间不发生任何联系的，甚至人们完全可以对处于此空间内的其他人"视而不见"，不和他们交往。

有了距离，才有效果，有的时候人们常有这样的感觉，每天和爱人朝夕相处的时候，不觉得爱人很重要，一旦对方出差很长时间，却觉得对方在自己的生命里尤为重要。

这就是人们常说的"距离产生美"。就像我们经常在影视剧里看到的情景：一个男孩一直苦苦追求一个女孩，在追求的时候对她无比关心，可是女孩却总不领情，当这个男孩丧失信心停止追求之后，女孩往往会突然发现，自己好像爱上了这个男孩。这就是"距离产生美"的心理效果——不一定是真的爱，但却是心理的变化。

著名的酒店之王希尔顿就深谙此道。

希尔顿为自己的旅馆王国立下过一条原则：最低的收费和最佳的服务。他要求饭店的所有职员一定要做到和气为贵，顾客至上。不管谁违反了这一规定，都要受到严厉的惩罚。

在平时的工作中，希尔顿总是和蔼可亲，他爱与员工们谈天，关心他们的生活，热心帮助解决员工的困难，所以员工们与他的关系都很融洽。和希尔顿聊天，就像是和一位长辈谈心，不用拘束，也不用担忧，因为他是把每个人都当作酒店的主人来对待的。

但是在原则问题上，他是绝不含糊的。在工余时间，他从不要求管理人员到家做客，也从不接受他们的邀请。

一次，饭店一位经理与顾客发生了争执，居然还大吵了起来。希尔顿知道这件事后，立刻辞退了这位经理。虽然这位经理业务能力很强，为饭店做出过不小的贡献，但希尔顿并没有姑息他，而是严格地执行了规章。

希尔顿这种说一不二的性格，使得许多员工都认为他是一个特别严肃的人，所以都很尊重他，而正是这种保持适度距离的管理，让希尔顿酒店在业内的威望与日俱增。

与员工保持一定的距离，既不会使你高高在上，也不会使你与员工互相混淆身份。这是管理的一种最佳状态。距离的保持靠一定的原则来维持，这种原则对所有人都一视同仁：既可以约束领导者自己，也可以约束员工。掌握了这个原则，也就掌握了成功管理的秘诀之一。

2. 护着那个谁都要的面子

在中国这个"熟人社会"里，人与人之间产生冲突的最基本原因除了利益之外，就是面子问题。不给别人面子不啻伤别人自尊，那么让亲密朋友反目成仇不是不可能的。无论何时，我们都得维护别人的面子，打人莫打脸，说话莫揭短。

在电器方面，史坦恩梅兹有着异乎寻常的才能。在他担任通用公司电器部门的总管时，把企业管理得井井有条，连年来，公司的销售额不断上升。不久，他被升任为通用公司计算机部门的主管。然而，这一次他却遭到彻底的失败。人并非是万能的，天才毕竟是少数。看着计算机部门糟糕的业绩，通用高层领导心急如焚，但他们也不敢对史坦恩梅兹有所冒犯，毕竟，他为公司做出了贡献，而且，公司也是绝对不能缺少这样一个人才的。

通过最后的协商，他们想到了一个绝妙的办法，既让敏感而又极其自尊的史坦恩梅兹愉快地接受工作调动，又不会对他的自尊心造成什么打击。

通用公司下了一纸命令，决定在公司内部成立一个新的部门——通用电器公司顾问部。史坦恩梅兹担任"顾问总工程师"，并且兼任部门主管，史坦恩梅兹对这一调动很高兴，他愉快地接受了调动，而且还认为这对自己的面子没有任何损害。

每个人都有自尊心，都不愿在人前丢面子，所以我们要想说服别人，必须针对这一实际状况采取办法，在说服工作上要留有余地，不要把话说绝，给被说服者留面子。

下台阶的具体方法很多，如转移话题法，如果看到对方已有转移的迹象，就不要穷追不舍，硬要人家说出自己的不足。这时需要肯定他人的优点，承认自己的错误——使对方心理能得到平衡。

洛克菲勒是美国石油大王，他曾经有一位同事名叫贝特福特，他既是洛克菲勒的合作者，也是他的下级。

有一次，贝特福特独自负责一桩南美的生意。但非常不幸，这次他失败了，而且输得特别惨，所以，贝特福特自认为实在是没脸再见洛克菲勒。下一次再开董事会时，洛克菲勒一定会毫不客气地批评他，他的心里一连好几天都很紧张。

这天，公司的董事会如期开始了。贝特福特硬着头皮来到会议室，他等着洛克菲勒的批评，而且在这之前已经做好了充分的思想准备。

洛克菲勒开始讲话了："贝特福特先生。"

贝特福特心里一阵发紧，他最担心的事情还是不可避免地发生了。

"首先，我可以肯定你在南美确实做了一件不成功的事情，但是……"洛克菲勒的语气变得是那么的亲切、缓和。

"大家知道你已经尽力了，虽然这次失败了，但是我相信在这件事情上没有人会比你做得更好。而且我们也正做着让你重整旗鼓的计划……"

说过这一番话，贝特福特备感温暖，先前的抑郁一扫而光。他又重新找到了自信。尤其是在董事会上洛克菲勒没有让他难堪，因此，他对洛克菲勒非常感激。

人都有自尊心，都不愿意在别人面前丢面子，都会因为顾忌面子而与别人发生过或多或少的冲突，这是因为每个人都很在乎它。所以我们要想教导别人或者说服别人，就必须针对这一实际情况采取办法，在交际中要留有余地，不要把话说得太绝、说得太死，要给朋友留点面子。

除非是万不得已，否则都要尽量考虑保全朋友的颜面，只有这样，你才算一个合格的社交人士。譬如，你想要改变朋友已公开宣布的立场，首先要做的就是尽量顾全他的面子，使对方不至于背上出尔反尔的包袱。

其实，在我们身边，即使是被大多数人认为"无用"的人，他们也有自己的长处。他或许比别人差一点，却在某一方面潜藏着特长；也许他比别人笨拙，却也因此比别人更勤奋卖力，所以，总会有适合他的一项工作，千万不要对他人有嫌弃的态度，更不要伤到他人的面子。

一天中午，查尔斯·施瓦布路过他的炼钢车间，发现有几个工人在抽烟，而在他们的头上就挂着一块写有"严禁吸烟"字样的牌子，这位老板怎么教训他的伙计呢？痛斥一顿吗？拍着牌子说："难道你们不识字吗？"不，都不是。老板深谙批评之道，他走到这些人面前，递给每个人一支雪茄烟，说："年轻人，如果你们愿意到别处去吸烟，我会很感谢你们的。"胆战心惊的工人们心里有数，头儿知道他们坏了规矩，但他却没说什么。相反送给每人一支雪茄，他们感到了自己的重要，保住了面子，甚至感觉很不错，因此，他们对自己的上司更加敬重了，这样的领导有谁会讨厌呢？

在职场中，你想要改变同事已公开宣布的立场，首先要做的就是尽量顾全他的面子，使对方不至于背上出尔反尔的包袱。假如在一开始，你与同事没有掌握全部事实的情况下产生了分歧，为了说服他，你可以这样说："当然，我完全理解你为什么会这样设想，因为你那时不知道那回事。"或者说："最初，我也是这样想的，但后来当我了解到全部情况后，我就知道自己错了。"这样的表达可以把对方从自我矛盾中解放出来，使他体面地收回先前的立场，你们之间的关系却不会受到任何的负面影响。

3. 请把话说得更动听一点

说话好像驾驶汽车，应随时注意交通标志，也就是要随时注意听者的态度与反应。如果红灯已经亮了仍然向前开，闯祸就是必然了。无聊的人是把拳头往自己嘴里塞的人，也是"我"字的专卖者，无论和谁在一起，请把话说得动听一点。

　　人们最感兴趣的就是谈论自己的事情，而对于那些与自己毫不相关的事情，众多的人觉得索然无味，对于你自己有浓厚兴趣的事情，不仅常常很难引起别人的兴趣，而且还令人觉得好笑。年轻的母亲会热情地对人说："我们的宝宝会叫'妈妈'了。"她这时的心情是高兴的，可是旁人听了会和她一样高兴吗？不一定。谁家的孩子不会叫妈妈呢？你可不要为此而大惊小怪。这是正常的事情，不会叫妈妈的孩子才是怪事呢。所以，你看来是充满了喜悦，别人不一定有同感，这是人之常情。

　　放学回家的路上，吴欢遇到了王老师，她气鼓鼓地说："王老师，你说江珊多可恨，我和她吵起来了。""为什么？"王老师一脸不解。"她非说陈奕迅是最好的歌星，可他的个子这么矮，丑死了。我就和她吵起来了，"吴欢接着说，"江珊太不够朋友，本来在班里我和她是最要好的朋友，可是她有什么心里话都不告诉我！"王老师问："你从来都是把任何心里话都告诉江珊吗？你想一想是不是每个人的喜好都一样呢？"一句话使吴欢顿时像泄了气的皮球，不好意思地说："其实我也没把什么话都告诉她。"

　　自己喜欢的要求别人也要喜欢，自己没有把什么心里话都告诉好朋友，却要求别人对自己毫无秘密，全部公开，世界的丰富多彩就是因为每个人都不同，包括他们的个性爱好，每个人都有自己的隐私，怎么能要求别人公开隐私呢？即使是好朋友也没有这个权利。

　　竭力忘记你自己，不要总是谈个人的事情，人们喜欢的是自己最熟知的事情，那么，在交际上你就可以明白别人的弱点，而尽量去引导别人说他自己的事情，这是使对方高兴最好的方法。你以充满同情和热诚的心去听他叙述，你一定会给对方以最佳的印象，并且对方会热情欢迎你、热情接待你。

　　如果你在说话中，不管听者的情绪或反应如何，只是在讨论自己的事情，那么必然会引起对方的反感。如果改变一下，把"我的"改为"我们的"，这对你并不会有任何损失，只会获得对方的好感，使你同别人的友谊进一步地加深。

我们经常看到记者这样采访："请问我们这项工作……"或者："请问我们厂……"经常发现演讲者使用"我们是否应该这样""让我们……"等表达方式。这样说话能使你觉得和对方的距离接近，听来和缓亲切。因为"我们"这个词，也就是要表现"你也参与其中"的意思，所以会令对方心中产生一种参与意识。

比如说"你们必须深入了解这个问题"，便拉开了听众与演讲者的距离，使听众无法与你产生共鸣。如果改为"我们最好再做更深一层的讨论"就会缩短与听众之间的距离，使气氛立刻活跃起来。

在沟通的时候，我们不能确保每一句话都说得很妥当，但至少从第一句话开始就特别小心，以诚恳的语气来使对方放心，使对方了解我们不会采取敌对或者让对方没有面子的方式来进行沟通。这样，对方才会逐渐放松。

第一句话就引起对方的戒心，使他觉得自己可能会吃亏，或者可能会没有面子，他就会采取躲避的策略；躲不开的时候，也会且战且退。一旦对方想"溜"想"躲"，就不可能获得圆满的结果。

中国人说话很少开门见山，而是先寒暄一番，看看对方的反应如何。如果对方心情不错，才可以进一步沟通。如果没说两句话，对方就很不耐烦，甚至要端茶送客，那你就算有再重要的事也要忍一忍，因为此时多说无益，"话不投机半句多"便是此理。

有人可能认为中国人的寒暄是在浪费时间，有正事不说，非得在无关紧要的事上大费唇舌，是不分轻重的表现。其实，他们根本不懂寒暄的妙处。东拉西扯，说一些没有用的寒暄话，目的在于了解对方的情绪状态，并且产生稳定对方情绪的作用。不急于讲，先摸清楚情况再说，乃是上策。

你可以先说次要的，再说主要的，让他慢慢转变想法。将自己的真实意图隐藏起来，先谈谈别的事情，增强彼此的亲近感，待消除隔阂后再慢慢将话题引向自己的看法或者是建议，最终顺利地达到预期的目的。

三国时期，刘备的夫人——甘夫人是个很会说话的女人。刘备与甘夫人的感情很好，即使在亡命途中，两人也是形影不离。

后来，有人向刘备献上一个精巧的玉人，高达三尺，栩栩如生，光彩照人。刘备爱不释手，就把玉人放置在甘夫人房间里，让两者媲美生辉。刘备常常拥着甘夫人赏玩玉人，口中还念念有词："玉之可贵，德比君子，况为人形，而不可玩乎？"

如此一来，政事倒被放在了次要的位置。这可急坏了甘夫人，她几次想谏言，但想到毕竟自己是不参政的妇道人家，不好直言。

有一天，甘夫人从玉人本身触发灵感，想到了春秋时期"子罕不以玉为宝"的典故，于是以此为谏词，借古讽今来说服刘备："古代宋人得一玉石，献给宋国的正卿子罕。可是子罕不但不接受，连看都不看一眼。献玉的人说：'此玉呈玉人状，是一块稀世之宝，故而才敢奉献给你。'子罕却说：'我平生以不贪为宝贵，你是以玉为宝贵，若是将玉赠送给我，那么，你、我都丢失了宝贝。你丢掉的是宝玉，我丢掉的是廉洁这块宝。'所以子罕不以玉为宝，在春秋时期传为佳话。"

正当刘备听得津津有味之时，甘夫人又说："现在曹操、东吴都未消灭，您却对一块玉石爱不释手。你可知道，凡是淫、惑必生变，千万不能一直这样下去啊！"

甘夫人并没有开门见山地叫刘备发愤图强，而是以宝玉为比喻，婉转地表达自己的意思，就容易让对方接受。她首先以子罕不贪宝玉的典故作为话题，让刘备心情轻松舒畅，不会产生逆反和抵触心理。等他解除精神防线，正要听甘夫人继续往下说时，甘夫人却"总结陈词"，让刘备如同醍醐灌顶，头脑猛然清醒，体会到对方讲典故的用意和良苦用心，反思自己因为玩物丧志而忘记政事。

假如从一开始，你就企图说服对方，让对方服从你，那么只能增加对方的防范心理，从而抵触你所说的话，而达不到说服对方的效果。

对方如果听不进去，就算你有千言万语，他全当耳旁风。对方听得进去，是良好沟通的第一步。所以开口之前，必须谨慎，以免徒劳无功。当对方听不进去的时候，我们宁可暂时不说，也不要逼死自己。能拖即拖，并非完全没有道理。运用得合理，也是一种有效的沟通方式。

4. 直道好跑马，曲径可通幽

我们需要经常向别人表达一些不太好说的意思，比如请求、谈判、批评等。这些话之所以不容易说出口，是因为人类具有自尊心，谁都不愿意遭到拒绝、指责和忽视。一般人内心深处都有自高自大的想法，都认为自己应该是最好的，一旦现实与心愿不符合，不可一世的自尊就会受到挫伤，从而转变成伤悲、仇恨、鄙视、嫉妒等恶劣的情绪，并且会表现出来。

因此，有些话说不好，就会得罪人，为自己招麻烦。

好在语言具有多样化的特点，一样的意思可以用多样的话说出来，而斤斤计较的人听到用不同的说法讲出的同样意思，也会有不同的反应。

比如，你要批评一个人所写的文章，如果直言不讳，显然会令他难堪。但是，你可以换个说法，找出他的文章中一些可取之处，先满足他的自尊心，待他兴高采烈，视你为知音的时候，再把批评化的建议提出来，这样他会心悦诚服地接受你的意见，还对你很钦佩。你可以这样说："我一看开头就想看下去，我发现你一贯擅长把开头写得引人注目，勾起人的好奇心。要是结尾不是这样写，而是换一种思路，可能就更能与开头相呼应了，你说呢？"

既然没有触及自尊心，那么他当然会冷静虚心地考虑你的意见。

说什么固然重要，但怎么说更为关键，人的情绪常常蒙蔽了人的眼睛，使他看不透语言背后的含义，而只能最浅薄地从对方的用语上来理解。

因此完全可以表面上说他爱听的话，而把真正意图隐藏在这些话里，也就是"话里有话"，让他心甘情愿地跟着你的思路走。

一位顾客进了一家地毯商店，看中了一款地毯。

顾客问道："这种地毯多少钱？"

店老板立即热情地接待了他，回答道："每平方米24元8角。"

顾客听完这句话，什么都没说就走了。显然，他觉得价格有点高。

店老板的一位朋友在旁观察，他说："你的推销方式太陈旧了，应该换一种方式。"于是他试着以营业员的口吻说："先生，这地毯不贵。让您的卧室铺上地毯，每天1角钱就够了。"

老板大为不解，这位朋友忙解释道："假设卧室地毯需要10平方米的话，要248元；地毯寿命为5年，计1800多天，每天不就是1角多钱吗？一支香烟钱都不到。"

老板一拍大腿，恍然大悟地说："高！你这一招一定灵。"

果然，换一种表达方式，商店的生意就好多了。

公元前613年，楚庄王熊侣（旅）继位，当时的朝政由斗克和公子燮把持，楚庄王只是一个傀儡。他即位起初的三年时间里，日夜饮酒作乐，并下了一道命令：有来劝谏者处死。眼看朝廷政事混乱不堪，国势日益衰微，大臣成公贾冒死请求庄王接见。楚庄王一见成公贾便大声责问道："你难道不知我禁止劝谏的命令吗？"成公贾故作惊惶地答道："大王之令我岂会不知？我是来出谜语为大王助兴的。"楚庄王一听，改怒为喜地说："你说说看吧。"成公贾说："南山上有一只大鸟，三年里站在大树上不飞不动也不叫，不知道这是什么鸟？"楚庄王沉思了一会儿说："三年不飞，一飞冲天；三年不鸣，一鸣惊人。这是只不同凡俗的鸟。你的意思我懂了，你下去吧！"从此后，楚庄王一改往日颓废的作风，亲理朝政，提拔贤能，除奸杜佞，国势蒸蒸日上。

在古代，臣子看到君王有过失，进谏时都讲究说话的含蓄。如果大臣有损"龙颜"，是要杀头的。成公贾运用委婉的论辩方式，令楚庄王愉快地接受了他的劝谏。

我们看下面一个例子：

有一次，秦王和中期发生了争论，结果中期赢了，而秦王却输了。中期若无其事、大摇大摆地走出了皇宫。秦王大怒，暴跳如雷，决心要把中期杀掉，以解心头大恨。这时，在秦王身边有个和中期要好的人对秦王说：

"中期这个人实在是个暴徒，一点也不懂规矩。他幸好遇到大王这样贤明的君主才能活命。如果遇到桀纣那样的暴君，早就没命了！"

秦王一听，也就不好再加罪于中期了。

在秦王盛怒的情况下，要为中期辩护，如果直言劝说秦王不要杀中期，这样只能是火上浇油，适得其反。这时，中期的朋友采用了委婉曲折术，简单的几句话却有着丰富的含义。既有对中期的指责，又有对若杀中期则是暴君的暗示，还有不杀中期则是贤君的称赞，秦王的火气一下子就平息了下来，也就不好再对中期下手了。

汉武帝的乳母在官外犯了罪，汉武帝想依法处置她。乳母就向东方朔求助。东方朔说："你如果想获得解救，就在将被抓走的时候，不断回头注视武帝，千万不可说什么，这样或许还有一线希望。"

乳母经过汉武帝面前，果然一步三回头。东方朔在汉武帝旁边站立着对乳母说："你也太笨了，皇帝现在已经长大了，哪里还会要你的乳汁养活呢？"

汉武帝听了，面露凄然之色，最终赦免了乳母的罪过。

东方朔为乳母辩护使用的也是委婉曲折术。他间接地、含蓄地表达了不要忘记乳母的养育之恩，这远比直接规劝汉武帝不要治乳母的罪要好得多。

许多场合，说话双方的言辞并非永远都是剑拔弩张、锋芒毕露、直截了当，有时又需委婉含蓄、旁敲侧击，可谓直道好跑马，曲径可通幽，各有妙处。有时候，用动听入耳的言辞，温和委婉的语气，平易近人的态度，曲折隐晦的暗语，更能使对方理解自己、信任自己，从而达到说服的目的，产生出奇制胜的效果。

5. 主动去道个歉

一句道歉创下全球单店月销售量第一的纪录；一句道歉终结香港报业大战；一句道歉终结商业事件民族主义化；一句道歉挽回一个商业帝国；一句道歉保住总统职位……道歉，这种人际关系中的一环，也被市场经常性地视为商业策略和危机公关的一种技巧。

作为一个生活在一定社会关系中的人，谁也避免不了在交往中伤害别人或被别人伤害。尽管大多数伤害是无意的，但学会道歉或学会接受道歉，仍然是开启原谅和恢复关系大门的金钥匙。

道歉不仅仅是说一句"对不起"那么简单。我们向别人道歉，就是承认我们的所作所为伤害了别人或者可能伤害了别人，希望能予以弥补。

虽然道歉后我们会感觉好点，但是其实我们的内心还是会有一股相反的力量，想保护我们的自尊心和自己辛苦建立并维护的公众形象。我们之所以不愿道歉，是因为道歉就要承认自己有缺陷、不完美；道歉就是要战胜自己的自尊心。

有时候，人们也会因为害怕承担责任而不愿道歉。很多人害怕，即使自己道了歉，对方也不会领情。也有人害怕，道歉可能会暴露自己的缺点，失去别人的尊重，从而可能毁了自己的名声。还有人害怕报复。正因为这些顾虑确实有可能发生，才使道歉变得更有意义。

道歉是一种重要的社会礼仪，它需要人们拿出勇气，表现自己谦虚的一面，同时它也要求一定的技巧。

1998年1月17日，美国总统克林顿在保拉·琼丝提出的性骚扰诉讼中向陪审团秘密作证。作证时，他被问及他与曾任白宫实习生的莱温斯基是否有性关系，克林顿断然否认。但越来越多的证据证明克林顿撒了谎。1998年8月，克林顿被迫承认绯闻，并向人民道歉，向内阁道歉，向妻子和家人道歉。8月17日晚10时整，克林顿在白宫地图室面色沉重地向全国发表约5分钟的电视讲话，就自己在莱温斯基性丑闻案中误导美国人民而向全国人民道歉，并对所发生的事情负全部责任。

克林顿道歉之后，妻子希拉里原谅了他。对于斯塔尔的调查报告，美国法律界人士也提出严厉批评。女众议员沃尔特斯指出，斯塔尔的报告中有548次使用"性"这个词。克林顿为绯闻案作证的4小时录像带在9月21日公开播出后，反而引起美国百姓对克林顿的同情，民众对克林顿的支持度上升了6个百分点。

但绯闻案的调查并未因此而画上句号，克林顿继续受到众议院的弹劾和参议院的审查，但他并未因此下台，而是继续完成了第二任的总统任期。1999年2月13日，克林顿在白宫玫瑰园再次发表了一项道歉声明，他说，对自己引发这些事件的所作所为和因此而给国会和美国人民增加的沉重负担，深深地感到抱歉。"

美国人原谅了这个绯闻总统。他道歉了，证明他"反省错误"了。他们觉得，宁可要一个有缺陷的人性化的总统，也不要一个没有人情味的国家领袖。

4年之后，克林顿的自传《我的生活》，首印全美发行150万册，还没上市就预订一空。

由此可见，你必须学会道歉。道歉最关键的两个基本点就是目的和态度。只有当你的歉意是发自内心的，而且你愿意为此承担责任的时候，对方才会感觉到你的诚意，道歉的目的才能达到。

俗话说："人非圣贤，孰能无过。"我们都是普通人，既然犯错在所难免，既然我们都不想把与别人的关系搞僵，那么我们就该学会主动认错和道歉。

另外，当一个人认为自己可能会被人指责时，不妨以先发制人的方式数落自己一番。因为人心是很奇特的，当对方发觉你已先道歉时，便不好再多指责。

美国心理学专家卡耐基在其《美好的人生》一书中，讲了他的一段经历：

从卡耐基家步行一分钟，就可以到达森林公园。他常常带着一只叫雷斯的小猎狗到公园散步。因为他们在公园里很少碰到人，又因为这条狗友善而不伤人，所以卡耐基常常不替雷斯栓上狗链或戴上口罩。

有一天，他们在公园遇见一位骑马的警察，警察严厉地说："你为什么让你的狗跑来跑去而不给它系上链子或戴上口罩？你难道不晓得这是违法吗？"

"是的，我晓得。"卡耐基低声地说，"不过，我认为它不至于在这儿咬人。"

"你不认为！你不认为！法律是不管你怎么认为的。它可能在这里咬死松鼠，或咬伤小孩，这次我不追究，假如下次再被我碰上，你就必须跟法官解释了。"

卡耐基的确照办了。可是，他的雷斯不喜欢戴口罩，他也不喜欢它那样。一天下午，他和雷斯正在一座小坡上赛跑，突然，他看见那位执法大人正骑在一匹棕色的马上。

卡耐基想，这下栽了！他决定不等警察开口就先发制人："先生，这下你当场逮到我了。我错了，我有罪。你上星期警告过我，若是再带小狗出来而不替它戴口罩，你就要罚我。"

"好说，好说。"警察回答的声调很柔和，"我晓得在没有人的时候，谁都忍不住要带这样一条小狗出来溜达。"

"的确忍不住。"卡耐基说道，"但这是违法的。我还是感到罪恶。实在对不起。"

"哦，你大概把事情看得太严重了，"警察说，"我们这样吧，你只要让它跑过小山，到我看不到的地方，事情就算了。"

就像那位警察对待卡耐基和他的爱犬一样，如果我们免不了会受到责备，何不自己先道歉呢？听自己谴责自己不比挨别人批评好受得多吗？当你要是知道某人准备责备你时，你自己先把对方责备你的话说出来，对方十之八九会以宽大、谅解的态度对待你。

6. 降低标准，做个低调的强者

你可以比别人聪明，但不要让对方知道。中国有一句成语叫作"锋芒毕露"，锋芒本指刀剑的锋利，如今人们将之比作人的聪明才干。古人认为，一个人如果看上去毫无锋芒，则是扶不起的"阿斗"，因此有锋芒是好事，是事业成功的基础。

在适当的场合显露一下自己的"锋芒"也是有必要的，但是要知道，锋芒可以刺伤别人，也会刺伤自己，所以在运用的时候要小心谨慎。物极必反，过分外露自己的聪明才华，会导致自己的失败。尤其是做大事业的人，锋芒毕露，尽展自己的聪明和优秀，非但不利于事业的发展，甚至还会失去自己的身家性命。

有一位年轻的海关员，参加了一个重要的行业座谈会。在座谈会中，一位海关司长对年轻的海关员说："海事法的期限是6年，对吗？"年轻的海关员愣了一下，看了看海关司长，然后率直地说："不。司长，海事法没有这项期限。"这位年轻的海关员后来对别人说："当时，座谈会内立刻静默下来，似乎温度也降到了冰点。虽然我是对的，他错了，我也如实地指了出来。但他非但没有因此而高兴，反而脸色铁青，令人望而生畏。尽管真理站在我这边，但我却铸成了一个大错，居然当众指出一个声望卓著的人的错误。"

在指出别人错误的时候，我们为什么不能做得更高明些呢？古希腊著名的哲学家苏格拉底在雅典的时候，一再告诉自己的门徒说："你只知道一件事，就是一无所知。"英国19世纪政治家查士德裴尔爵士，则更加直白地训导他的儿子说："你要比别人聪明，但不要告诉人家你比他们更聪明。"

无论你采取什么样的方式直接指出别人的错误：或是一个蔑视的眼神，或是一种不满的腔调，或是一个不耐烦的手势……都有可能带来难堪的后果。因为这等于在告诉对方：我比你更聪明。这无异于否定了对方的智慧和判断力，打击了他的自尊心，还伤害了他的感情。

这样做不但不会使对方改变自己的看法，还会引起他的反击。这时，你即使搬出所有的权威理论和所有的铁定事实也无济于事。这不是给自己增加困难吗？因此，在指出别人错误的时候，应当做得高明一些，不要表现出我比你更聪明。

例如，你可以用若无其事的方式提醒他，让人觉得他不知道的好像是他忘记了，或者好像是他没说清楚，这将会收到神奇的效果。

著名科学家玻尔就是这样一位极其尊重他人但又非常坚持真理的人。当他对别人的观点提出不同意见时，他常常预先声明："这不是为了批评，而是为了学习。"这句话后来成为一句名言被人印在一期物理杂志的封面上，作为献给玻尔的生日礼物。一次，有人发表学术演讲，效果非常糟糕，玻尔也认为这个演讲"完全是瞎扯"，但他仍然热情地对演讲者说："我们同意你的观点的程度，也许比你所想象的还要大！"玻尔同爱因斯坦展开过一场为期近三十年的学术大争论，两人的观点完全相对立。但爱因斯坦认为，在反对他的观点的阵营中，玻尔是最接近于公正地处理他所代表的学术观点的人。

玻尔的这种态度及为人方面的杰出表现，不但有助于他取得巨大的学术与教育成就，而且使他深受人们爱戴，使他的为人甚至比他的科学教育成就更为人们所仰慕和歌颂。

"锋芒"是一把双刃剑，如果运用不当，就会刺伤别人和自己，所以你要加倍小心。

人往高处走，水往低处流，人生总是向上的，这是人们的认识，也是人生的理念，更是众生的普遍心理。

然而事实上，就是这个"人往高处走"的理念，毁了许多人。客观地讲，人生一世，是不可能总往高处走的，沉浮起落，坎坷挫折，下坡路是很多的，我们不能不走。这正如《贤愚经》中所说的"常者皆尽，高者必堕。合会有离，生者皆死。"

有钱人变为没钱人，局长降为处长，老板变成小工，昨天的名人沦为今天的无名小辈……诸事不如前的现象每个人都经历过。每当这时，往日的标准都会被大打折扣。由此看来，人生不可能总是守在一个高标准上。高标准本身就是一种完美主义的化身，其中包含着对周围事物的苛求和对自己的苛求，结果是自己累垮了，周围人也受不了。

更何况，人生总有不顺的时候，诸如单位不景气，事业陷入困境，家庭遭受变故……跟随而来的便是内在和外界的标准一同降低。如果这时谁还保持一种高标准的心理期待，还是一味地人往高处走，就会遭遇打击，饱尝痛苦，陷入烦恼的境地。于是，这时降低标准，便成为唯一而正确的人生选择。尤其在当今这个充满竞争的社会，"高标准"往往是靠不住的，极易被动摇。学会降低标准，反而成了人们解决人生难题的一把钥匙。

我们所说的降低标准，并不是要你退缩，更不是要你消极，而是一种心理调整和应对。"人生总是不确定"，外在的事物总在不断地变化，好与坏，顺与不顺，定会接踵而来。不管是在心理上，还是在客观上，过高的标准都会使人时时处处面临着一种高度的威胁。有时候，甚至使人变得灰心丧气。

一味地高标准，不但会伤害自己，同时也会伤害别人。现实社会中，许多人之所以不适应新的环境，之所以会痛苦烦恼，就是因为守着一个高标准不放。他们认为自己只能上升，不能下降。因此，高标准在很多时候反而成了极端片面的害人理念。

某公司被兼并了，几百名员工一同下岗，他们一蹶不振，而老李却挽起袖子，到一家小餐馆，做了一名跑堂儿。某企业倒闭了，人们丧气到了极点，老张却在第二天下楼修起了鞋子。老黄是某事业单位的领导，单位解散后，不但官职没了，吃饭也成了问题，他什么也没说，到一家公司做了一个看大门的。

降低标准，不仅要降低生活的标准，还要降低位置，放下架子，不顾面子，甚至有可能需要放弃内心的追求与以往美好的向往。

在人生的许多大逆转中，许多人之所以败下阵来，甚至从此被打败，都是因为不肯降低标准。而那些就此降低标准，降下身份的人，很快又会快乐起来。

由此可见，降低标准，是人生的一种快乐良方。只是这种快乐良方，并不是每个人都能领悟得到的。纵观我们的一生，不管你是主动的，还是被动的，降低标准却是随时存在着的。降低自己的身份，降低自己的名誉，降低自己的头衔……正像佛家所说的"放下"二字。我们是否能够放下，同样需要英雄般的气概。

许多大人物其实都不是一味守着高标准不放的人，他们在降低标准中完善自己，从头再来。为了能够活得好一些，可以降低标准，做个低调的强者，是我们最明智的选择。

7. 少对人说绝话，多给人留余地

古希腊神话里有这样一个传说：

太阳神阿波罗的儿子法厄同驾起装饰豪华的太阳车横冲直撞，恣意驰骋。当他来到一处悬崖峭壁上时，恰好与月亮车相遇。月亮车正欲掉头退回时，法厄同倚仗太阳车辕粗力大的优势，一直逼到月亮车的尾部，不给对方留下一点回旋的余地。

正当法厄同看着难以自保的月亮车幸灾乐祸时，他自己的太阳车也走到了绝路上，连掉转车头的余地都没有了。向前进一步是危险，向后退一步是灾难。

这个故事告诉人们：做事要留有余地，不可把事情做绝了。

人生一世，千万不要使自己的思维和言行沿着某一固定的方向发展到极端，而应在发展过程中冷静地认识、判断各种可能发生的事情，以便能有足够的回旋余地来采取机动的应对措施。

宋朝时，有一位精通《易经》的大哲学家邵康节，他与当时著名的理学家程颢、程颐是表兄弟，同时和苏东坡有往来。但"二程"和苏东坡一向不睦。

邵康节病得很重的时候，"二程"在病榻前照顾他。这时外面有人来探病，"二程"问明来的人是苏东坡后，就吩咐下去，不要让苏东坡进来。

躺在床上的邵康节，此时说话已经很困难了，他就举起双手来，比成一个缺口的样子。"二程"有点纳闷，不明白他这个手势是什么意思。

不久，邵康节喘过一口气来，说："把眼前的路留宽一点，好让后来的人走走。"

邵康节的话是很有道理的，因为事物是复杂多变的，任何人都不能凭着自己的主观臆断，来判定事情的最终结果。对于每个人来说，其人生都是浮沉不定、难以自料的。

有一个人，因在单位里与同事发生了一点摩擦，很不愉快。一怒之下，他就对那位同事说："从今以后，我们之间一刀两断，彼此再无瓜葛！"

这句话说完不到三个月，他的同事就成了他的上司。因讲了过重的话，他很尴尬，只好辞职另谋他就。

因为把话讲得太满而给自己造成窘境的例子，在现实中随处可见。这样做的结果，就像把杯子里倒满了水一样，再也滴不进一滴水，否则就会溢出来；也像把气球充满了气，再充气，就要爆炸了。

做事要留有余地，不要把人逼上绝路；说话也要留有余地，不能把话说得太满。因为凡事总有意外，留有余地，就是为了容纳这些意外，以免自己将来下不了台。

即使与人交恶，也不要口出恶言，更不要说出"情断义绝""势不两立"之类过激的话——除非有深仇大恨。不管谁对谁错，最好都闭口不言，以便他日狭路相逢还有个说话的"面子"。

少对人说绝话，多给人留余地，这样做其实并不仅仅是为对方考虑，对对方有益，更是为自己考虑，对自己有益。总之，这对双方都有好处。

俗话说："十年河东，十年河西。"在社会发展日新月异的当今时代，人情世事的变化速度无疑更快，用不了"十年"就可能发生此消彼长的变化，人们相互间更是"低头不见抬头见"。在这种情况下，如果把话说得太满，把事做得过绝，将来一旦发生了不利于自己的变化，就难有回旋的余地了。

总之，人之一生说短很短，说长也很长，世间事如白云苍狗，变化万千，所以不要一下子把路堵死了，否则对自己是非常不利的。

第九章

奋斗，从职业到事业，从生活到生命

在人的一生中，你可能会碰到许多岔路，为了不偏离自己的方向，就要预先做好规划。职业是人生的重大课题，职业规划是人生的必修课。今天规划好自己的职业生涯，就是对你仅有一次的人生负责。一个好的职业生涯，就等于幸福人生的一半。

如果把一个人的生涯比作一次旅行，那么出发之前最好先设定旅行线路，这样就既不会错过梦想已久的地方，也不会千辛万苦却到了并不喜欢的景点。

为自己制订一个科学的职业生涯规划，就是构筑自己人生的宏伟大厦。每个人都有属于自己的美好愿望，而职业生涯规划，就是让自己每天做的事情和自己的美好愿望形成一个科学的、紧密的连接。让我们选择的职业可以成为毕生的事业，让我们从为生活工作，转向为生命而奋斗。

有人制订的目标就像是蓝天上的一朵白云，美丽、浪漫，但是飘忽不定；也有人制订的目标像天空中的一轮明月，它也美丽、浪漫，但相距甚远，非有生之年所能达到的。

我们要把目标定成远处山冈上的一棵树，虽然脚下没有一条笔直的大道通向那棵树，但是我们坚信：只要不放弃，只要坚持去努力，就一定能走出一条路，到达那棵树，摘取成功的果实。

1. 设计职业，选择重于努力

西方有句谚语：如果连你自己也不知道你要到哪里，往往你哪里也到不了。一个人应该知道自己适合做什么，应该做什么。选择重于努力，只有尽早地选择并确定自己的职业目标，设计自己的职业发展道路，才能在自己的职业道路上获得成功。

比塞尔是西撒哈拉沙漠中一个不大的村庄，它坐落在一块1.5平方公里的绿洲旁，可是在肯·莱文1926年发现它之前，这儿的人没有一个走出过大沙漠。肯·莱文作为英国皇家学院的院士，当然不相信这种说法。他向这儿的人询问原因，结果每个人的回答都是一样：从这儿无论向哪个方向走，最后都还是要转到这个地方来。为了证实这种说法的真伪，他做了一次实验，从比塞尔向北走，结果三天半就走了出来。比塞尔人为什么走不出来呢？肯·莱文非常纳闷，最后他只得雇一个比塞尔人，让他带路，看看到底如何。他们带了半个月的水，牵上两匹骆驼，肯·莱文收起指南针等现代化设备，只挂着一根木棍跟在后面。十天过去了，他们走了数百公里的路程，第十一天的早晨，一块绿洲出现在眼前。他们果然又回到了比塞尔。这一次肯·莱文终于明白了，比塞尔人之所以走不出沙漠，是因为他们根本不认识北斗星。

在一望无际的沙漠里，一个人如果凭着感觉往前走，他会走出许许多多、大小不一的圆圈，最后的足迹十有八九是一把卷尺的形状。比塞尔村处在浩瀚的沙漠中间，方圆千里内没有一点参照物，若不认识北斗星又没有指南针，想走出沙漠，确实是不可能的。肯·莱文在离开比塞尔时，带了一位叫阿古特尔的青年，这个青年就是上次和他合作的人，他告诉这位小伙子，只要白天休息，夜晚朝北面那颗最亮的星走，就能走出沙漠。阿古特尔跟着肯·莱文，三天之后果然来到了大漠的边缘。现在比塞尔已是西撒哈拉沙漠中的一颗明珠，每年有数以万计的旅游者来到这儿，阿古特尔作为比塞尔的开拓者，他的铜像被竖在小城中央。铜像的底座上刻着一行字：新生活是从选定方向开始的。

有无目标是成功者与平庸者的分水岭。如果没有目标，你就会像在浩瀚沙漠中完全凭着感觉摸索的比塞尔人一样，只能是漫无目的地曲折前行，而且最终可能发现，自己又回到了起点；或经过多年的辛勤努力后，却两手空空，一无所获。无论你年龄多大，真正的人生之旅，是从设定目标那一天开始的，以前的日子，只不过是在绕圈子而已。当然，你向目标挺进的过程，有可能是一个职业长跑的"马拉松"，你或许会懈怠，或许会放弃。同样，在现实中，我们做事之所以会半途而废，往往不是因为目标难度较大，而是觉得成功离我们太远。所以，你制定目标的时候，应该把你的职业生涯的最终目标分解成一个个的阶段性目标。这样的话，只要你持之以恒，执着地一个一个目标去实现，那么，你的职业生涯的总目标也一定能够实现。

1984年，在东京国际马拉松邀请赛中，名不见经传的日本选手山田本一出人意料地夺得了世界冠军。当记者问他是凭什么取得如此惊人的成绩时，他说了这么一句话：凭智慧战胜对手。当时许多人都认为这个偶然跑到前面的矮个子选手是在故弄玄虚。马拉松赛是体力和耐力的运动，只要身体素质好又有耐性就有望夺冠，爆发力和速度都还在其次，说用智慧取胜确实有点勉强。

两年后，意大利国际马拉松邀请赛在意大利北部城市米兰举行，山田本一代表日本参加比赛。这一次，他又获得了世界冠军。记者又请他谈经验。

山田本一性情木讷，不善言谈，回答的仍是上次那句话：用智慧战胜对手。这回记者在报纸上没再挖苦他，但对他所谓的智慧迷惑不解。十年后，这个谜团终于被解开了，他在他的自传中是这么说的：每次比赛之前，我都要乘车把比赛的线路仔细地看一遍，并把沿途比较醒目的标志画下来，比如第一个标志是银行，第二个标志是一棵大树，第三个标志是一座红房子……这样一直画到赛程的终点。比赛开始后，我就以百米冲刺的速度奋力地向第一个目标冲去，等到达第一个目标后，我又以同样的速度向第二个目标冲去。四十多公里的赛程，就这样被我分解成这么几个小目标轻松地跑完了。起初，我并不懂得这样的道理，我把目标定在四十多公里外终点线上的那面旗帜上，结果我跑到十几公里时就疲惫不堪了，我被前面那段遥远的路程给吓倒了。所以，当目标比较远或难度比较大时，一定不要把眼光紧紧盯着它，时间长了，很容易导致职业倦怠和厌烦的情绪。而把目标分解成一个个的小目标，这样实现起来不仅要容易一些，还更有成就感，并能最终实现你心目中的大目标。

总之，职业规划制订得越早、步骤越详细，越能早日实现自己的梦想。所以，找准自己的职业定位，然后朝着这个目标坚定不移地前进，努力将一口井挖深，那么，你一定能取得事业上的成功，实现自己的远大理想，并找到属于自己的幸福。

2. 放眼未来，适合自己的专业才是最好的

许多事业有成的人有一个共同特点，就是在正确的时间做出正确的决策。这种选择并非因为他们拥有某种特殊的天赋，而是因为他们对自己的人生和事业有一个明确的目标和整体的规划。当今社会，很多人还没有认识到职业规划的重要性，这是因为：他们不知道如何去做；他们觉得这样做太麻烦；他们对自己确定的目标和计划没有信心；他们将目标制订得过于长远，这使得短期内看到成果变得不可能，从而导致他们丧失了勇气。

每一个刚刚踏入社会的年轻人都必须做出一项重要决定：我将以什么方式来谋生？做一个记者、邮差、企业家、计算机程序员、医生、大学教授，或者摆一个肉饼摊子？

我们常常听到类似这样的对话：

小张：嗨，你学的什么专业？

小李：物理学。

小张：物理学？哎哟，你实在不该学物理，计算机专业才是热门。

小李：可是我喜欢物理学。

小张：学物理挣不到什么大钱。

小李：是吗？那什么能挣大钱？

小张：计算机。你应该改行搞计算机。

小李：嗯，以后有机会得学学计算机。

在这种文化氛围下，许多职业选择和职业转换的决定就是用这种方式在一眨眼之间做出的，是在与某人的随意谈话时做出的，或者是追随父母的脚步，听从新闻媒介上的文章的劝导，有时甚至是在男友或女友的怂恿之下做出的。

世界上只有3%的人有自己的目标和计划，并且将其明确地写出来，还有10%的人有目标和计划，但将其留在自己脑子里，剩余的87%的人都随波逐流，不知道自己该向何处去，自己的生活完全被人掌控着。

一个人从出生到去世，虽然生命长度不同，但是成长的阶段则是差不多的，不同阶段的成长环境，需要由不同的行动来配合，以符合我们的发展，所以我们必须要有"生涯规划"的观念。

的确，职业生涯中充满了不确定性因素，我们无法明确知道明天会发生什么，但是我们在某种程度上可以预测它，使我们的职业生涯不至于偏离现实情况太远。

我们一般都有多种兴趣，我们所面对的选择是如此之多，以至于我们变得无所适从。很多年轻人渴望了解什么样的职业才算是有前途的职业。对于一个成功的企业家而言，任何一个行业都能创造出丰厚的利润；但对于一个刚刚踏入社会的年轻人来说，选择不同职业，对于未来积累财富的速度和事业成功的概率会有不同的影响。

我们说一份职业比另一份职业更有前途，意味着从普遍意义上来说，从事这份工作能够使我们获得更多的提升和发展机会，或者收入水平会比做另一份工作更高些。但是，具体到每个人，判断其从事哪一份职业更有前途，情况要复杂得多。

而且当一个人接受"某某职业有前途"这一市场信息，并且按照市场信息去做出自己的职业规划时，另一个人也会同样接受到这个信息，并且做出同样的职业规划。在经过了整个培养和教育周期后，就出现某类职业人才过剩的现象。

职业信息分析报告是用来参考的，而不是用来照搬的。有时候未尝不可逆向而行之，或许能获得意想不到的效果。因此，我们必须谨慎行事，认真去了解我们所接触的每一份职业。选择一个好的行业、一份有前途的职业往往是决定个人成功的关键因素。个人选择一份职业与投资商选择一个行业一样，是一项浩大的工程，必须收集众多信息与资料，加以整理并深入分析，才能做出一个合理的判断。

在选择职业方面，我们要问自己的一个关键问题是：这个工作适合我吗？一份职业也许有前途，但是却并不一定适合你。譬如房地产是一个利润颇高的行业，但是，对于一个希望独立创业却缺乏资金的人来说也许并不适合，因为这个行业需要有雄厚的资本和深厚的社会关系。因此，我们不能仅仅分析一个行业的发展前途，更重要的应该分析自己在这个行业里是否有足够的发展空间。

人生总是充满了矛盾和缺憾，我们常常会发现，自己感兴趣的职业，其发展空间有限；那些存在着巨大发展空间的行业却往往并不适合自己。但是，毕竟我们的兴趣是广泛的，而且有许多潜能尚未被开发出来，社会能够提供的职业空间也在不断扩充。只要我们有足够的耐心，就能在兴趣、前途和适合自己的职业之间找到某种平衡。

寻找自己所钟爱的职业，依赖于你的热爱和现实可行的工作之间的平衡。这样就形成了一个综合的价值评估体系——一个理想的职业本身就不是单一的（譬如个人爱好），而是一个由多种因素组合在一起形成的价值体系。我们将兴趣放在价值判断的第一位，是因为它对于个人未来发展影响深远，而且很容易被忽略。

任何一个正确的决策都是基于对各种因素的综合平衡考虑，是平衡的产物。我们必须在现实和未来之间，在选择和被选择之间做出无数次选择。

高中毕业生，在面临志愿填报、专业选择时，需要认真研究，冷静判断。现在大学里各种各样的专业有诸如冷门、热门之类的划分，而划分冷热的直接标准就是每个专业的就业前景。"学校要选名牌，专业要选热门"，实际上专业没有冷热之分，还是要看个人兴趣，适合你的专业就是最好的专业。

一般所说的热门专业，是一些在某一时期就业前景较好的专业，但由于许多学校一窝蜂而上反而造成供大于求，如法律、计算机、金融、行政管理、工商管理、财政学、经济学、新闻、会计、旅游等专业。而一般所说的冷门专业，是指人们传统观念上认为社会上的需求量相对较小，就业比较困难的专业，如哲学、历史、地质、海洋、气象、农业、林业、勘探等专业。然而，热冷门专业常常是"十年河东十年河西"，一些昔日的热门专业，在就业市场上却成了少有人问津的"大冷门"。而不少报考时的冷门专业，其毕业生后来在就业市场上反而十分抢手。地质学专业的学生几乎都找到了工作，港口航道与工程、海洋地质等专业的毕业生就业情况也不错。小语种像韩语、日语专业的学生，都不够用人单位抢的。化工、材料、土木工程、机械、自动化专业的毕业生就业形势也都不错。

因此，适合自己的就是最"热"的。随着时代的发展，每年都有一些"热门专业"涌现，但不是每个热门专业都适合所有的考生。有些热门专业，毕业生虽然在社会上很抢手，但如果对它缺乏浓厚的兴趣和爱好，或性格、气质、身体等因素不适合，就不必去强求。如果专业冷，但自己喜欢，也不失为一种好的选择。冷门专业一般专业性强，学的人少，竞争也相对不那么激烈，如果学好了更容易在这一领域有所作为。专业其实没有好坏之分，用人单位现在更看重的是学生的综合素质，比如说实际动手能力、表达能力和人际交往能力，毕业生的社会实践经验也很重要，无论学什么专业，毕业生的综合素质高，就会成为用人单位的优选对象。

了解自身实际情况后，要对自己今后的发展有个大致的规划。看一个专业的冷与热，不如审视自己对某一专业适合与否。如果自己对某一个专业有兴趣，且能胜任，那就可以选择它，因为再冷的专业，也照样会有佼佼者。

3. 深造，给自己插上不间断的电源

在竞争激烈的职场上，一纸文凭的有效期是多久？当你必须向别人出示你尘封已久的证书时，是否会怯场，感到没有底气？在学历飞速"贬值"的今天，找到工作就一劳永逸的体制已成为历史，如果你想单靠一张文凭在职场立足，几乎不可能。

一项调查显示，在三四十岁的职业女性中，近三成出现身心疲惫、烦躁失眠等亚健康状态。主要表现为：对前途以及"钱"途开始担心，担心会被社会淘汰；对自己所从事的工作开始产生一种依恋，不再像二十来岁那样无所谓，同时又有一种危机感；身体经常感到疲劳，休息也于事无补。在调查中，46%的被访者想选择转换职业或行业，寻求一个压力较小、相对安稳的工作是大多数被访者的心态；31%的被访者选择再苦干几年，然后回家做全职太太；只有23%的被访者表示会去"充电"。

在今天这个竞争激烈的职场环境中，很难做到"爱一行，干一行"，我们所能做的就是"干一行，爱一行"，尽量使谋生和理想达到和谐统一，否则，眼高手低，只会耽误一生。

小田并不太喜欢自己的金融专业，但毕业时没有改行的机会，还是进了一家外资银行。"我觉得自己现在的工作没什么意思，幻想着有一天可以做记者、主持人或者律师，而不是整天面对着不属于自己的金钱。"小田说。

小田所在外资银行的环境很好，是很多人眼中高收入的理想职业。面对着很多硕士、博士都在竞争一个外资银行的职位，小田才感到自己有必要"充电"了。如果想在金融这个行业中继续做下去，"充电"是唯一可行的方法，否则的话就意味着会"贬值"。通过"充电"，小田对本行业也有了更深的了解，渐渐爱上了这一行，不再整天幻想而是踏踏实实工作，而且做出了出色的业绩。

并不是所有的职业危机都出现在厌职上，就算是自己喜欢的职业，干久了也会出现危险信号。

李梅是某服装品牌的销售经理，主管北方区的业务已经有三年时间。这个在别人看来令人羡慕的职位，却让她在一夜之间就做出辞职的决定。

"我感觉我的职业生涯面临着前所未有的停滞状态，总是在做着以前做过的事情，而且以我目前的职位，也很难再在公司有更大的作为了。我已经决定到法国继续读我的服装设计专业，对于今后的工作，我并不担心，选择辞职就是因为有这份自信。"

人在其职业的某个阶段会出现所谓的"停滞"期，这种情况是一个信号，一旦出现就说明你需要充电了。这时最重要的是摆正自己的心态，树立"没有职业的稳定，只有技能的稳定和更新"的观念，把职业过程变成一个无止境的学习和提高的过程。

在金融行业工作近七年的于先生坦言："我一直都处在一种与最新科技知识赛跑的状态。信息时代的知识呈膨胀性扩展趋势，刚刚掌握的资讯，也许过两天就过时了，如果不及时更新知识，很容易被淘汰。"这种经常出现在工作中的"不明飞行物"让于先生非常紧张和茫然。

于先生自己掏腰包参加了几期美国专家举办的金融投资行业培训，虽然花费很高，可学习下来，感觉心里踏实，而那些以前经常光临的"不明飞行物"也消失了。

工作中如果遇到"不明飞行物"，就意味着你的知识落伍了。在职充电是防止"人才贬值"的一种好方法，要想让自己"不贬值"，那就不断地"充电"吧！

学习是永无止境的，要树立终身学习的理念。正如人们常说的：你永远不能休息，否则，你就会永远休息。如果你觉得学习没有目的性、效果差，那么考证对你来说是一个不错的选择。很多人觉得只要工作出色，没有证书照样能在职场生存，这种认识是欠妥的。

韩烨是一家贸易公司的财务经理，主管着公司上下的所有会计核算工作。从大学毕业到现在，九年的时间过去了，虽然没有那一纸"注册会计师"的证书，可工作起来，也是要风得风，要雨得雨。

"我感觉完全能够胜任工作，领导也比较器重我。我没必要为了去考一个证书而耽误我每天的工作，那样的话老板也会对我有看法的。我的很多同学上班后不断考各种证书，希望能往更大的公司跳，甚至请了假去学习，结果影响了工作业绩，得到的是与能力不相匹配的待遇。"韩烨这样说。

也许韩烨的话从目前的角度看是正确的，可如果把它放在一个大的知识经济时代背景中分析，就站不住脚了。"技多不压人"，"充电"和"敬业"不该有任何冲突，"充电"是为了更好地"敬业"，这是现代职场人士应该有的认识。

现代社会急缺复合型人才。"单一型人才"如何使自己成为"复合型人才"？实施技能储备，使价值"保鲜"是关键。充电时也要注意与原有技能相关，这样才能在原有基础上扩大就业范围。

郭颖在一家国际航运公司里为英国籍首席代表做秘书时，接触到一些国内外大的企业咨询机构。她说："我的专业是英语，除了能像外国人那样正常地说英语外，今天看来并没有任何特长可言。在这家海运公司工作了两年之后，我终于申请了美国哥伦比亚大学的MBA，我想学成之后可以到一家跨国咨询公司里去工作，为企业的经营者们提供全方位的解决方案。当然，这是有代价的，从一个传统行业跳到一个新兴的朝阳产业，能够达成目标的做法恐怕只有充电了。"

本土企业的国际化及国际企业的本土化，使那些具有"一专多能"、精通一门外语、通晓国际商务规则的外向型人才备受青睐。所以，及时"充电"借以增加事业打拼的资本，必须同自身职业生涯的规划紧密地联系起来，达到学以致用。

生命不止，学习不止。在这个知识经济时代，"充电"已经成为现实需要，不管你是想待在原地，还是想向上攀登，或者另起炉灶玩转行，"充电"已经演变为职业生涯不可或缺的安全垫。

4. 认真做好篱笆下的一根桩

"一个篱笆三个桩，一个好汉三个帮。"没有协作，就没有成功，现在社会很难造就脱离团队的个体英雄。协作就是一种双赢的战略。有人给协作精神作过经典的解释：协作就是让别人受益，也让自己受益。

相信我们每个人小时候都当过"拆卸工"，拆卸各种电子器件，尤其是手表。你把手表拆开后，是否发现里面的各种齿轮都"紧紧拥抱"，正是它们的这种"紧紧拥抱"，才使得手表为我们提供了分秒不差的时间，这就是相互配合。团队合作也一样，要想使团队发挥其最大的效率，作为其中一个"齿轮"的员工也必须与其他员工"紧紧拥抱"，这就离不开合作精神，没有合作精神，整个团队就会像一堆散落的"零件"一样，无法有效运行。

作为公司员工，也许你刚出校门不懂与人合作，也许你自视甚高，认为自己可以独立地完成团队正在做的项目，而完全不需要那么多人帮忙，但请时刻谨记：集体的智慧大于个体！你要学会在团队中学习和工作，学会与你的队友们一起去完成任务，分享胜利果实，学会从团队运作中吸取经验。学会与人合作，在任何时候都要有团队合作的观念。

听过这样的一个故事：

拿破仑带领法国军队所向披靡，但在进攻马木留克城的时候，却遭到了顽强抵抗。马木留克兵高大威猛，一个法国士兵根本就打不过一个马木留克兵。后来，法国人发现，两个法国士兵就可以打过两个马木留克兵，一群法国兵就可以打过一群马木留克兵。所以，法国士兵避免和他们进行单人战斗，靠着互相协作，最终击败了马木留克兵。

原来，马木留克兵虽然强悍无比，但他们不重视合作，自己打自己的，同伴遇到了危险，也不去接应；而法国士兵却重视合作，所以才获得了胜利。

合作产生的力量不是简单的加法，合作产生的合力大于每一个人力量的总和。

对于一个卓越的团队来说，沟通理解是合作的基础，要谋求自身发展，就必须追求于团队成员都有利的结果，经由合作达到多赢。

现代企业讲求双赢战略，这不仅使自己获利，也使别人获利。团队内部的成员之间则应该讲求多赢战略，因为给别人机会就是给自己机会，自己损失一点儿往往会得到更多。可是，有些团队成员之间拉帮结派，自己没有机会也不让别人有机会，结果只能以失败告终。这不仅会影响团队成员之间的团结，涣散团队的"军心"，还会给对手留下进攻的机会。

松下幸之助先生说："松下不能缺少的精神就是协作，协作使松下成为一个有战斗力的团队。"卡耐基先生说："放弃协作，就等于自动向竞争对手认输。"朗讯前CEO（首席执行官）鲁索先生说："协作对于今天的企业而言，就是生命。没有协作精神的员工会对企业极不负责任。"

在今天的商业时代里，协作既是一种责任，又是一种双赢战略，无论是员工之间的协作还是员工和领导者之间的协作，甚至企业与企业之间的协作，都是如此。

对于一个组织而言，如果组织中的成员只考虑自己的工作，而不去注意别人，就很可能因协调不善而出现问题。特别是对于流水线生产，每一个环节的员工都彼此联系在一起的，彼此之间必须有着高度的协作精神，这样才能生产出高质量的产品。如果一个环节出现了问题，就有可能导致整个流水线出现问题。对于一个企业而言，这样的损失是巨大的。

一个人做事情的时候，不去考虑别人或者根本就不注意和别人的合作，那么他将很难做好工作，也会影响到别人的工作，因为他本身就是整个环节中的一部分。一个有协作精神的员工，才能真正承担起自己的工作责任，也才能真正做好工作。

在生活与职场中游走，我们有时候会走到两个极端：要么太过于追求个体的价值实现而忽视整体的利益，要么注重整体的利益而牺牲个体的利益，很难达到两者的平衡。在一个企业或者团队中，每一个成员都面临着这样的问题，但上面所说的两个极端都不是好的解决办法，一个优秀的员工一定要在两者之间取得平衡。同时，个体与整体之间并不一定是互相抑制、此消彼长的绝对对立，相反，优秀的员工不仅能在两者之间取得平衡，还能让两者互相促进。

一个优秀的团队，会把各种人才聚合在一起，大家会在工作中对别人进行了解，在沟通中能发现别人的优点。这时，聪明的员工总能发现自己的不足和别人的长处，取长补短，虚心向周围的人学习。同时，大家也会为了共同的目标而改变自己以前不好的工作习惯，使自己变得更加优秀。

当然，在团队中因具体分工不同，工作上也还有轻重之分。有的人做的工作对于整个团队来说举足轻重，他们的收益比团队的其他人高一些，但他们的工作相对要复杂些、辛苦些，他们所承担的风险和获得的收益总是成正比的。天底下没有白吃的午餐，一个项目弄砸了，首先挨批受罚的是团队领导，然后是负责整个项目的核心技术人员，绝不会是搞测量的助理工程师。前两者的收益明显高于后者，但是他们承担的压力也会高于后者。

需要付出的努力多、承担的风险大的工作自然就会有较高的回报，这一点是大家都能理解的。所以就不要再对那些收益高的团队成员不满，更不能想方设法地在其工作中设置障碍，想通过这种方式博得领导重视是极不明智的。

在工作中，一个负责任的团队成员应按时且保质、保量地完成任务。如果每个人都将自己的职责抛在一边，而只想从团队中攫取自己想要的东西，那么整个团队不成一盘散沙了吗？在一个团队中，也许很多人都厌倦了做一个默默无闻的支持者，希望能在领导面前表现出自己的能力，但是无论怎样，个人总要服从团队，孤掌难鸣。

一个对自己团队负责的人，其实也是在对自己负责，因为他的生存离不开团队，他的利益是和团队利益密切相关的，这就像鱼儿永远也不能离开水一样。只要我们在这个团队中一天，我们就应该对这个团队负一天的责任。你的团队需要你，而你自己更需要立足于你的本职工作，不懈地努力。

现今的工作多是程序化的工作，互相配合是每一个员工必备的素质。因此，越来越多的公司把是否具有团队协作精神作为招聘员工的重要标准。团队协作不是一句空话，善于协作的团队生命力极强，无坚不摧。而在团队中工作能力强、具有协作精神的员工，则是公司高薪留用的对象。相反，一个不肯合作的"刺头"，势必会被公司排斥。人员流动情况的调查研究表明，大多数人是因为喜欢独来独往而离开公司的，这一原因超过其他任何一种原因。

一个精通业务的员工，如果他仗着自己比别人优秀而傲慢地拒绝合作，或者合作时不积极，总倾向于孤军奋战，这是十分可惜的。多人的合力远比一人的力量大，其实每个人都可以借助其他人的力量使自己更优秀。

还有很重要的一点，一个团队给予一个人的帮助不仅是物质方面的，更多的在于精神方面。一个积极向上的团队能够鼓舞每一个人的信心，一个充满斗志的团体能够激发每一个人的激情，一个善于创新的团队能够为每一位成员的创造力提供发挥的平台，一个协调一致、和睦融洽的团队能给每一位成员一份良好的体验。选择一个优秀的团队，并且培养自己的团队协作精神吧，你将在团队中获得更大的成功！

5. 奋斗的人生，需要有忠诚的精神

人类世界和动物世界有许多相似之处。在蜜蜂的世界里，有着森严的等级秩序。蜂王永远是高高在上的，所有的工蜂必须忠诚于自己的统帅。因为蜂王有着对于整个蜜蜂世界来说最重大的责任，那就是繁衍后代。为此，所有的工蜂都必须任劳任怨地供养蜂王，忠诚于蜂王，只有这样，才能确保繁衍后代。这是生存的游戏规则，必须遵守，因为世界需要秩序。你也可以不遵守规则，不过，你的代价就是被淘汰出局，因为你丧失了参加游戏最起码的资格。

一个充满战斗力的集体，必定是一个有严格秩序的集体，因为只有这样才能确保行动的一致性和协调性。任何一个团队都必须有一个核心，这是确保一个团队不涣散的根本所在。在第二次世界大战中有着杰出表现的美国著名将领麦克阿瑟曾说过："士兵必须忠诚于统帅，这是义务。"对

于核心的忠诚,是整个团队实现自己目标的关键因素。有了忠诚,才会形成巨大的合力,才会无坚不摧、战无不胜。

对于一个企业而言,员工必须忠诚于企业的领导者,这也是确保整个企业能够正常运行、健康发展的重要因素,但前提是领导者必须是值得忠诚的。如果企业的领导者自私自利,利用企业为自己牟私利,这样的领导者就不值得忠诚。

我们倡导员工忠诚,但员工的忠诚和士兵的忠诚是不一样的。士兵的忠诚是绝对的,士兵必须忠诚于统帅,因为统帅代表着国家;员工的这种自下而上的忠诚对于企业来讲也是必需的,但是并不是无条件的、绝对的和盲目的。员工忠诚的是一个对自己的生存、发展、自我实现有助益的领导者,一个对企业有责任感的领导者,一个能够担当得起企业生存和发展重任的领导者,一个能够让企业健康运行的领导者,一个关心员工能够为企业奉献的领导者,一个有企业家精神的领导者。对这样的领导者忠诚是有价值的,也是值得的,因为这样的领导者不会辜负员工的满腔忠诚。不论一个团队承担何种类型的工作,团队成员必须首先明确对所要完成的任务负有共同的责任和义务,而且在完成任务的过程中有义务忠诚于自己的团队,这是确保任务有效完成的一个前提。但是,由于受到各种因素的影响,这种自下而上的忠诚受到了严峻的考验。

现代企业所面临的生存压力越来越大,其中一个主要的方面就是来自于人才的频繁流动。这种高流动率,被一些管理理论家认为是忠诚度下降的一个表现。虽然每个人都有权利寻求自己最合适的工作,以及最佳的工作环境和工作状态,但这的确为企业的发展带来了不少的负面影响。甚至有些人为了利益,不仅到竞争对手那里工作,还带走原公司大量有价值的资料。这不仅会极大地损害公司的利益,而且还会对公司其他员工有所触动,严重地影响其他员工正常的工作心态。

一家著名公司的人力资源部经理说："我最担心的一件事情就是，我们辛辛苦苦为企业培训的员工转身就'跳槽'了。"

一些企业领导者认为，他们不愿意录用一些频繁"跳槽"的人。他们认为频繁"跳槽"的人不成熟，因为那些人不知道自己究竟应该做些什么，做什么更适合自己，或者说根本没有给自己一个准确的定位，这样的人恐怕他们的公司也留不住，不如不用，免得双方浪费精力。

还有一位人力资源部经理也说："当我看到求职者的简历上写着一连串的工作经历时，我的第一感觉就是他的工作换得太频繁了。频繁地换工作并不能代表一个人工作经验丰富，而是更说明了一个人的适应性很差或者工作能力弱，如果他能快速适应一份工作，就不会轻易离开，因为换一份工作的成本也是很高的。

"这样频繁跳槽的人，不能给人一种安全感和信任感。一个什么工作都做不长久的人，让人想到不会是公司的问题，而是他个人的问题。因为，第一，他的工作能力值得怀疑；第二，他对企业的忠诚度值得怀疑；第三，我不能肯定他会在我的公司做得长久。所以，这样的人，我们在录用时顾虑就比较多。"

这里并没有认为频繁"跳槽"的人忠诚度一定低，但是，频繁"跳槽"的确会给人一种不太好的印象。

员工对企业的不忠诚，不仅对企业的负面影响是相当大的，同时也会影响到他个人的道德信度，没有哪个公司的老板会乐意用一个对自己公司不忠诚的人。有的企业老板可能会用利益诱惑一些人背叛自己的企业来进行非正常的竞争，当对方对他的价值实现了之后，他肯定不会像当初许诺的那样对这个人，因为他会怀疑这个人是否也会为了更多的利益出卖他的公司。因此，对这个人来说，失去的会比得到的更多，而且他失去的将永远找不回来。"我们需要忠诚的员工。"这是老板们共同的心声。因为老板们知道，员工的不忠诚会给企业带来巨大危害。面对种种诱惑，忠诚在今天显得更加可贵。这种自下而上的忠诚，做到了，就可以壮大一个企业，做不到，有可能毁了一个企业。

对企业忠诚并不代表一辈子不离开，只能在一家企业工作。员工的忠诚首先应该是对事业的忠诚，对自己专业的忠诚，如果他对事业忠诚，他就会很有责任感地把他该做的事做好。其实，市场竞争就是提供人才实现自己价值的机会，如果这家企业不是实现你自己价值的平台，你当然可以去寻找更好的。但是有一点要记住，不可以违背市场的游戏规则，不可以把一家公司的利益作为你到另一家公司工作的条件，这是对游戏规则的破坏，也是"跳槽"的大忌。

6. 做好准备来创业吧

提起创业，可能你想到最多的是开店、办公司、搞企业。但随着社会的快节奏变化，创业方式正在不断发生变化，特别是IT业的崛起，令创业模式层出不穷。创业者大可以从中选择最适合自己的创业方式，让自己更快更稳地走向成功。一般来说，常规的创业模式有如下几种：

（1）独立创业。创业者完全自己设计或构思创业的产品和商业模式，自创品牌，从无到有地创办和发展自己企业的一切。

这是最能体现创业精神的一种模式，有利于将企业不断做大，但有一定摸索和打开市场的代价。以这种模式创业，失败的风险因人而异，一切由创业者自己掌握，但对创业者的条件和能力要求较高。很多以这种模式创业成功的人，后来都逐步发展成为出色的企业家。这种创业，给人的成就感最强。

（2）连锁加盟。创业者加盟别人的企业，成为别人品牌和企业模式的复制经营者。连锁加盟分享品牌金矿、分享经营诀窍、分享资源和技术，连锁加盟凭借诸多的优势而成为极受青睐的创业方式。目前，连锁加盟有直营、委托加盟、特许加盟等形式。

这种加盟创业的最大特点是利益共享、风险共担。创业者只需支付一定的加盟费，就能借用加盟商的金字招牌，并利用现成的商品和市场资源，还能长期得到专业指导和配套服务，创业风险有所降低。

但是随着连锁加盟市场规模的不断扩大，鱼龙混杂现象日趋严重，一些不法者利用加盟圈钱的事件屡有曝光。因此，创业者在选择加盟项目时要有理性的心态，事先进行充分的准备，包括收集资料、实地考察、分析市场等，并结合自身实际情况作决定。

（3）经销和代理。选择某产品的生产厂家，成为其代理商或经销商，做产品的批发和零售业务。

一般较畅销的或名牌的产品，取得代理商或经销商资格的代价较高，竞争有时也很激烈。不好卖的产品，经销商开拓市场的成本往往较高，失败的风险也较大。

（4）收购现有企业。市场上经常会有一些现成的企业由于种种原因需要转让或出售，尤其是一些餐馆或其他零售店铺，创业者收购接手后可以较快营业。

这种模式的好处是省去了开办的麻烦，如果原企业已有足够的客户和业务量，则创业就更容易；但如果原业主是因为生意难做才出让，那么接手的风险可能更高。

(5) 购买技术或专利技术。如今，有很多技术或专利技术在等待投资以把它们变成消费者所需的产品。创业者支付一笔技术转让费，就可利用该技术从事生产和创业。

这种模式的优势在于，你有可能成为该项新产品的领头企业，从而拿下较大的市场份额。最大的风险在于市场开拓，因为大多数产品的上市和市场开拓投入，是个人创业者尤其是小本创业者所无法承受的。

(6) 网上创业。目前，网上创业已成为一种时尚。在网上开店，或者微商，这些项目的创业成本较低，但建立知名的电子商务网站和门户网站，则在技术、资金和管理方面的门槛较高。总的来说，网上经营的产品要取得消费者认可需要一个过程。

每种创业模式都有各自的优缺点，对于有志于创业的人士来说，选择一个最适合自己的就是最好的。

当你真正踏上创业之路后就会明白，创业难，但发掘创业机会更难。虽然大量的创业机会可以经由有系统的研究来发掘，不过，最好的点子还是来自创业者的长期观察与生活体验。创业就好像十月怀胎，创业构想在创业者心中不断思索酝酿、反复钻研，一直到创业者感觉时机到来。

机会并不意味着无需代价就能获得，许多成功的企业都是从解决问题起步的。所谓问题，就是现实与理想的差距。比如，顾客需求在没有满足之前就是问题，而设法满足这一需求，就抓住了市场机会。

美国"牛仔大王"李维斯的故事多年来被人津津乐道。19世纪50年代，李维斯像许多年轻人一样，带着发财梦前往美国西部淘金。途中一条大河拦住了去路，李维斯设法租船，做起了摆渡生意，结果赚了不少钱。在矿场，李维斯发现由于采矿出汗多，饮用水紧张，于是，别人采矿他卖水，又赚了不少钱。李维斯还发现，由于跪地采矿，许多淘金者裤子的膝盖部分容易磨破，而矿区有许多被人丢掉的帆布帐篷，他就把这些旧帐篷收集起来洗干净，做成裤子销售，"牛仔裤"就这样诞生了。李维斯将问题当作机会，最终实现了他的财富梦想。

所以说，真实的市场需求才是所有赚钱项目的立足之本，因此创业者们要学会透过项目的表面光环，直视其本质——发现、转化、创造市场需求，这样才能找到真正赚钱的项目。

7. 谨慎寻找合作伙伴

如果你渴望创业，那么你可能需要选择一位或几位创业伙伴。因为，很多创业项目的产品研发、生产、市场营销、公关、融资等重大环节需要专人负责，齐头并进。作为初创企业，想完全靠招聘来的人员负责好这几大环节的工作比较困难。而由一个彼此利益捆绑在一起的核心创业团队成员来分工负责，就成为很多创业者的可行选择。

选择合作伙伴共同创业，好处是有人与你一起承担投资风险，进行初创期的艰苦拼搏；不利的是你必须放弃企业的部分股权，而且你不能完全按照自己的意图行事。

合作伙伴之间最重要的是相互信任、相互尊敬，同时要有一种感觉，一种"自在"的感觉。这种感觉有点像谈恋爱，而且是一场马拉松式的恋爱。因此，初期的创业伙伴最好在熟人圈子里寻找。

在寻找合作伙伴之前，需要注意什么呢？首先是要确定合作目的与目标，这是大前提；其次是规划好合作伙伴的职责，这样才能更好地指导自己去寻找合适的合作伙伴；最后是要处理好合作过程的投入比例和利润分配，这是能够保证合作伙伴合作愉快的制度保障。

还有一点也很重要，也是每一个创业者不想去多想，但又很现实的问题，那就是合作伙伴的退出机制。这一点很多时候即使抹不开情面，但总比出现问题了再解决要好很多。

那么，怎样选择好的合作伙伴呢？选择合作伙伴，每个人可能会有不同的喜好。但以下的通用标准，对一个人的创业成功非常重要：

①人品可靠：这是最重要的条件。其中，为人诚信和值得信赖，是首要的考虑标准；其次，合作者应当不贪心、不自私，谋求利益时不违背公平合理原则。

②志同道合：合作伙伴必须认同创业项目和奋斗目标。

③优势互补：合作伙伴之间要能力互补和资源共享，是选择伙伴的务实考虑。

你可以从以下方面对你的潜在合作伙伴进行考察：

①个人价值观和人生观：这方面的考察有助于分析和判断合作人选的人品以及他与你是否志同道合。

②创业动机和目标：同样有助于判断人品以及你们能否共同创业。

③背景和经历：对于原来不认识或不熟悉的人选，可从他的背景和经历中寻找与你的选择标准相符的条件。为此，做些适当的背景调查是必要的。而对于你所熟悉的亲戚、朋友、同学或同事等，你也应根据你们要从事的创业项目对人选的背景和经历作一定的分析，看看你们是否适合在一起创业。

考察方法很多，例如直接面谈沟通，探讨合作项目；从合作人选的熟人或朋友处了解；从合作人选曾工作过的单位或企业了解及核实情况；网上搜索相关信息；如果合作所涉及的利益巨大的话，甚至可通过专业调查公司对合作人选进行背景调查。

选择重于努力，即使运营小本创业项目，如果选择了一个好的合作伙伴，你的创业进展也会加快，成功的概率也会提高。反之，可能会导致甚至加速你的失败。

第十章

不忘初心，奋斗方得始终

人生总有这样的时刻：走到某一步，好像突然被"卡"住了，怎么也走不出去。眼前的一念一境，仿佛具有超凡的"魔力"，使你无法走到另外一个阶段。这就是佛家所谓的"局"。所谓"当局者迷"，"一叶蔽目，不见泰山"，说的就是这种情况。

限于眼前之"局"，显示着人生的大被动。这种"卡"跟"限"，可能体现在外在，即环境的制约，也可能体现在内在，即人的心情、信念、价值、智慧、胆识等。但是归根结底都在内在。

因为即使是环境的制约，只要你勇于将眼界拓宽，到更广阔的空间里去，外在的制约也会消失。

没有人一辈子都在成功，也没有人一辈子都不会成功。很多人不能成功，并不是自己没有成功的欲望，而是欲望太过强烈，目标太过宏大，心情太过急切。

奋斗的路上，请不时回头看看自己的初心！

1. 越简单越高效

苹果手机把"Less is more."（少即是多）作为广告语，体现了一种现在主义的极简精神。一个有真正大才能的人能在工作过程中感到高度的快乐，因为他能简化问题、避免冗繁。

世界500强企业之一的宝洁公司，其制度具有人员精简、结构简单的特点。正是由于这样有特点的公司制度，使得宝洁公司成为世界最大的日用消费品公司之一，2004—2005年财政年度，实现销售额567亿美元。在《财富》杂志评选出的全球500家最大工业/服务业企业中，宝洁排名第86位。该公司全球雇员近11万人，并在80多个国家设有工厂及分公司，所经营的300多个品牌的产品畅销160多个国家和地区，其中包括织物及家居护理、美发美容、婴儿及家庭护理、健康护理、食品及饮料等。

宝洁公司强烈地厌恶任何超过一页的备忘录，推行简单高效的卓越工作方法。曾任该公司总裁的哈里在谈到宝洁公司的"一页备忘录"时说："从意见中择出事实的一页报告，正是宝洁公司作决策的基础。"

哈里当总裁期间，通常会在退回一个冗长的备忘录时加上一条命令："把它简化成我所需要的东西！"如果该备忘录过于复杂，他会加上一句："我不理解复杂的情况，我只理解简单明了的。"

无论我们从事什么样的工作，最简单的办法就是最好的办法。苹果电脑公司前总裁约翰·斯卡利曾说过："未来属于简单思考的人。"如何在复杂的工作环境中采用最简单有效的手段和措施去解决问题？这是每一位企业管理人员和员工都必须认真思考的问题。

简化问题是我们简化工作的一个重要原则。正确地组织安排自己的工作，首先意味着准确地计算和支配自己的时间，虽然客观条件使得你一时难以做到，但是只要你尽力坚持按计划利用好自己的时间，并根据分析总结采取相应的改进措施，你就一定能够得到效率。

简化问题可以帮助我们把握工作的重点，集中精力做最重要或者最紧急的事情。在高强度的工作条件下，我们如果不能厘清思路，以复杂问题简单化的思路来开展工作，有针对性地解决重点问题，最初制订的各项目标就难以实现。

在做一件事情的时候，你应该问自己这样的三个问题："能不能取消它？""能不能把它与别的事情一起做？""能不能用更简单的方法完成它？"在这三个问题的指导下，你就能够把复杂的事情简单化，做事效率也就能明显提高了。

简化工作可以从工作中的一些细节入手。例如，可以通过有效利用办公用具达到简化工作的目的。

（1）有效地利用名片简化人际管理。名片不仅仅是记录姓名、电话的纸片，你可以利用名片简化人际管理。当一位刚结识的人递给你一张新名片后，你应该在名片上及时地记下你们见面的时间、地点、会谈的主题和重点、由什么人介绍你们认识，以及双方约定的后续接触事项。

（2）合理地利用记事本。在记事本中，你应该分成四项来登记：常用电话号码、待办要事、待写文件、待办杂事。事情办完后，就可以用笔把它划掉。

如果你觉得记事本的内容比较复杂，你可以用不同颜色增进效率。比如说用红色墨水代表紧急的事情，黑色墨水代表一般的事情。总之，要用不同的颜色标出事情的优先顺序和重要程度。

(3) 做好环境管理。一个人的工作效率与他所处的工作环境有很大关系。办公环境的杂乱往往会使一个人在烦躁中度过效率低下的一天。不管你是一个高级主管，还是普通的员工，如果不注重收拾自己的办公环境，就可能在找东西上浪费很多时间。

每天下班后，你需要把目前不需要的各类书籍、文件夹、笔记和其他各种材料收到柜子里放好，为第二天继续工作做好准备。这样，第二天你才能在一个井然有序的环境中工作，心情也会很好。

想要将简化工作变成一种习惯，贵在执行。下面是哈佛大学的研究人员提出来的一系列最实用的简化工作的方法：

①清楚地知道工作的目标和具体要求，避免重复工作，从而减少发生错误的机会。你要知道自己应该做什么，工作的目标对你有什么样的影响？这个目标对你有什么意义？当你搞清楚这些的时候，再进行工作。

②主动提醒上级把工作按照优先顺序进行排列，这样可以大大减轻工作负担。

③当完全没有必要进行沟通时，不要浪费自己的时间和精力进行沟通，让同事或者客户去改变些什么。

④在工作中，你应该专注于工作，而非各类有关绩效考核的名目。

2. 没有必要羡慕别人的生活

在人生的道路上，每个人都有令自己烦恼的东西，包括名誉、地位、财富、亲情、人际关系、健康、知识、事业等。这些东西压得人们喘不过气来，使人们失去了原本应该享受的乐趣，增添许多无谓的烦恼。一旦失去其中一种便会大为在意，甚至恼火沮丧，要"想办法夺回来"。

其实人生就那么几十年，金钱、地位等都不能一直陪伴我们，人死了之后也什么都带不走，若是焦虑沮丧、患得患失几十年，那就太不值得了。所以人生的本质就是快乐，每天都快乐地活，不是一种最好的活法吗？何必要为了一些身外之物黯然神伤，焦虑不已呢？

曾看到过这样一个小故事。

上帝派天使甲和天使乙在人间巡游，于是两位天使便看到这样有趣的一幕：

一个衣衫褴褛的乞丐看到一个男孩左手拿着面包，右手拿着牛奶，边走边吃。乞丐摸了摸饥肠辘辘的肚皮，咽下一团又一团口水，羡慕地自言自语："哎，能吃饱饭，真幸福呀！"

那位小男孩刚走了几步，就看到一个女孩坐在爸爸的摩托车后座上来到了肯德基，买了一个大号的外带全家桶，开心地啃着汉堡，吸着可乐。小男孩于是看了看自己手中的面包和牛奶，羡慕地自言自语："唉！能吃这么多美味，真幸福呀！"

啃着汉堡的小女孩坐在爸爸的摩托车后座上，忽然看到一辆漂亮的黑色小轿车从身旁驶过，绝尘而去。小女孩想："能开这么漂亮的车子，真幸福呀！"

而小轿车里坐着的却是一个逃犯，他正在逃避警察的追捕，可他终究还是被警方逮到了，警察给他戴上了冰凉的手铐，坐在警灯闪烁的警车里。他透过车窗看到一个乞丐在路上漫无目的地走着，于是他羡慕地朝乞丐喊了一声："唉，可以自由自在不受束缚，多幸福呀！"

乞丐听到那人的话，心里一下高兴起来了，原来，自己也是幸福的，以前怎么没有发现啊！于是，他手舞足蹈地一路唱着歌去了。

两位天使回去后，向上帝汇报了在人间所见到的这一切，并述说了心中的困惑："为什么乞丐也是幸福的呢？"

上帝微笑着说："人生来就拥有活得幸福的权利，只是一些人没有去主动发现幸福而已。但不管怎么说，选择适合自己的生活方式，能够自由自在的人，最容易获得幸福。"

现代社会里，激烈的全方位竞争、复杂的人际关系、快速的生活节奏，给人们的心理带来了很大的压力，使他们对幸福也茫然起来了，总是把幸福放在别处，而不会从自身去寻找，自然就会觉得幸福难觅。

生活中，没有谁的生活是一帆风顺的，多多少少都要受到一些外来条件的束缚。但是，外来的束缚其实是可以通过内心来化解的，主要在于能否找到一种属于自己的生活方式。

曾有这样一位将幸福寄托在儿子身上的父亲。

当年，儿子一心想要学艺术，并且有很高的天赋。但是父亲却说，学艺术的人都是叫花子，他养儿子读书，就是为了能让他住到城里去，这是他的一种强烈的渴望。自从儿子读书以后，父亲逢人就说，他的儿子学习不错，以后大学毕业了，在城里买房，他们一家就搬到城里去了。城里的生活，想想，该有多美好啊！

儿子一直都很听话，父亲说的他都听，所以成绩一直很好，最后帮父亲实现了这一愿望——他在城里工作了，并且很快拥有了一个属于自己的家。

春节了，儿子说要接父亲到城里去住。而平时他因工作忙，没时间照顾父亲。那是父亲第一次出远门，坐在车里往窗外看，外面花花绿绿的世界让父亲很兴奋，他就像孩子似的整个晚上都没有睡着，一直都在看外面的世界。

后来住在儿子的家里，父亲越来越不高兴了，感觉一切都无法适应。他不明白，城里人上厕所怎么会在屋里；他不明白，城里人吃饭怎么吃得那么少；他晚上睡不着，因为床太软；就连在家吸纸烟，他也不习惯，平时想抽一口旱烟，一看儿媳妇那张痛苦的面孔，他就感觉很内疚。更要命的是，他的心里总是闲不下来，总想找点事情做，比如割草、砍柴、放牛、喂猪……他想，这就是自己渴望了大半辈子的生活吗？

终于，在儿子的家中熬过一个月之后，他愁眉苦脸地来到儿子面前，说："你还是让我回家吧！爸希望你以后多存点钱，让爸在乡下养老，这城里的幸福，爸是享受不了了。"

回到了家乡，父亲的脸上又露出了笑容，逢人便说，那城里的生活，真不是人过的，哪有在乡下舒服，自由自在多快活！

人活一辈子都在忙些什么呢？各种回答最后大概都可以归结为追求幸福。其实，仔细想想，不难发现，那些幸福的人们，他们都是身心自由的人。贫穷也好，富裕也罢，他们都能努力找到一种适合自己的生活方式，然后抛开烦恼，自由自在地活着。

叔本华说：人们很少会想到他们拥有些什么，但是，却常常想到比别人少了些什么。其实，我们没有必要羡慕别人的生活，生活都是一样的，你所看到的别人的生活并不一定就比你的生活幸福。

3. 现在很寂寞，未来很美好

成功的路上充满艰辛，每一个追求成功的人都不可能是一帆风顺。坎坷、无奈、寂寞、孤独常常伴随在他身边。在追求的过程中，当寂寞成为一种切身的感受、成为生活的状态时，成功看似遥遥无期，其实它已在悄悄到来。耐得住寂寞，就是在守候成功。

成功从来都伴随着痛苦和寂寞。寂寞，是成长所必须承受的"痛"。当我们年轻时，谁没有遭遇过寂寞，痛恨寂寞，并想摆脱寂寞呢？成功之前，只有你一个人在踽踽前行，没有鲜花，没有掌声，甚至更多的是嘲笑和打击，没有人会把目光多留在你身上一点。在成功到来之前，你需要一天天在冷清中度日而且还得继续前行。然而，有人将这份寂寞当成了一种储蓄，以积少成多的投入换取更丰盛的财富，积存在生命的仓库中。

一位美国心理学家曾经做过这样一个实验，并长期跟踪下去。心理学家给一些4岁的小孩子每人一颗非常好吃的软糖，同时告诉孩子们可以吃糖，如果马上吃，只能吃一颗；如果等20分钟，则能吃两颗。面对糖果的诱惑，有些孩子急不可待，马上把糖吃掉了；另一些孩子却能等待对他们来说无限漫长的20分钟。为了使自己耐住性子，他们闭上眼睛不看糖，或头枕双臂、自言自语、唱歌，有的甚至睡着了。最后，他们终于吃到了两颗糖。

这个实验后来一直继续了下去，那些在他们4岁时就能等待吃两颗糖的孩子，到了青少年时期仍能等待，而不急于求成。而那些迫不及待只吃了一颗糖的孩子，在青少年时期更容易有固执、优柔寡断和压抑等个性表现。

当这些孩子长到上中学时，就会表现出某些明显的差异。对这些孩子的父母及教师的一次调查表明，那些在4岁时能以坚忍换得第二颗软糖的孩子常成为适应性较强，冒险精神较强，比较受人喜欢，比较自信、独立的少年。而那些在早年已经不起软糖诱惑的孩子则更可能成为孤僻、易受挫、固执的少年，他们往往屈从于压力并逃避挑战。

研究人员在十几年以后再考察那些孩子现在的表现后发现，那些能够为获得更多的软糖而等待得更久的孩子要比那些缺乏耐心的孩子更容易获得成功，他们的学习成绩要相对好一些。在后来几十年的跟踪观察中，有耐心的孩子在事业上的表现也较为出色。

在这个试验中，糖果是一种诱惑，在追求成功的过程中，学会寂寞就是在拒绝诱惑。对梦想的渴望更强烈，对成功的目标更坚定，忍受得了寂寞时，你就是在走向成功。过早地吃到糖果，过早地屈服于诱惑，只会让自己离成功更远。

时间最能考验人的意志，困难最能磨炼人的意志。在人生和事业追求的过程中，寂寞在所难免，困难和挫折在所难免。面对这一切，坚守和执着进取的意义就会非常突出。许多大事之成，不在于力量的大小，而在于坚持了多久。

一个人要取得事业的成功，必然要经历困难和痛苦的过程。是成功还是失败，往往在于有没有耐力，有没有坚韧不拔的忍耐。有时候成功者和失败者的主要区别就在于能否耐得住寂寞。

越王勾践，曾是吴王的阶下囚，沦落到为吴王夫差当马前卒的地步。

可遭受如此境遇的他仍然忍辱负重，甘心忍受寂寞漫长的牢狱之灾，最后，东山再起，打败了吴王夫差。

史学家司马迁，被害入狱，惨遭酷刑，可他没有放弃，而是在狱中独自忍受着寂寞，专心写作，终于完成了我国的第一部纪传体通史——《史记》，从此留名青史。

著名的画家梵·高，生前陪伴他的是那片金黄色的麦田、倒了一只靴子的杂乱的房间、色彩浓烈得让人窒息的向日葵。当时人们不认同梵·高的作品，后世却推崇他的价值，他的作品被卖到天价。

在寂寞中，贝多芬悄然地品尝着生活的不幸，却没有向命运低下那不屈的头颅。所以，他的《命运交响曲》充满着穿透人心、震撼人心的力量。

没有哪个人一辈子都在成功，也没有哪个人一辈子都不会一事无成的。很多人不能成功，并不是自己没有成功的欲望，而是欲望太过强烈，目标太过宏大，心情太过急切。

寂寞，可以让我们有时间仔细审视自己的过去、现在、未来；可以让我们有空间认真地环顾自己的后面、周围、前方；可以让我们有兴趣轻松面对自己的快乐、悲伤；可以让我们有精神全力地爱护自己的亲人、朋友、爱人；更可以让我们有毅力牢牢地把握自己的人生。

4. 时刻保持初学者的心态

相信很多人都有过这样的经历：在面对未知事物时心中会有一丝不安，如果此时有人愿意主动地帮助你学习、理解这一未知事物，你会保持高度集中的注意力以及极快接纳知识的速度。

心理学认为：好奇心是个体遇到新奇事物或处在新的外界条件下所产生的注意、操作、提问的心理倾向。它容易被外界刺激物的新异性唤醒。好奇心反映了个体的认知需求，不同的个体面对同样的认知信息，会产生不同水平的好奇心，它的强度与个体对相关信息的了解程度有关。

所以，我们需要对知识充满好奇，永远保持初学者的心态，即使你已被公认为大师、教授，面对知识的更新、出现，仍需要保有儿时的好奇心。

爱因斯坦说他之所以取得成功，原因在于他具有狂热的好奇心。美国学者希克森特·米哈伊在谈到好奇心的重要性时说：好奇心需要被保护，也许所有的孩子都有好奇心，但这种对事物的好奇是否能保持到成年甚至老年，很难说。

在剑桥大学，维特根斯坦是大哲学家穆尔的学生，有一天，罗素问穆尔："谁是你最好的学生？"穆尔毫不犹豫地说："维特根斯坦。"

"为什么？"

"因为，在我的所有学生中，只有他一个人在听我的课时，老是露着迷茫的神色，老是有一大堆问题。"

罗素也是个大哲学家，后来维特根斯坦的名气超过了他。

有人问："罗素为什么落伍了？"

维特根斯坦说："因为他没有问题了。"

德国著名化学家李比希把氯气通入海水中提取碘之后，发现剩余的滤液中沉积着一层红棕色的液体。他虽然感到奇怪，但并未放在心上，武断地认为这不过是碘的化合物，只在瓶上贴张标签了事。直到以后一位法国科学家证实是新元素溴，李比希才恍然大悟。他因此称这个瓶子为"失误瓶"，以告诫自己。

达尔文从小就爱幻想，他热爱大自然，尤其喜欢打猎、采集矿物和动植物标本。他的父母十分重视和爱护儿子的好奇心和想象力，尽可能地支持孩子的兴趣和爱好，鼓励他去努力探索，这为达尔文能写出《物种起源》这一巨著打下了坚实的基础。

有一次小达尔文和妈妈到花园里给小树培土。妈妈说："泥土是个宝，小树有了泥土才能成长。别小看这泥土，是它长出了青草，喂肥了牛羊，我们才有奶喝，才有肉吃；是它长出了小麦和棉花，我们才有饭吃，才有衣穿。泥土太宝贵了。"

听到这些话，小达尔文疑惑地问："妈妈，那泥土能不能长出小狗来？""不能呀！"妈妈笑着说，"小狗是狗妈妈生的，不是泥土里长出来的。"

达尔文又问："我是妈妈生的，妈妈是姥姥生的，对吗？""对呀！所有的人都是他妈妈生的。"妈妈和蔼地回答他。"那最早的妈妈又是谁生的？"达尔文接着问。"是上帝！"妈妈说。"那上帝是谁生的呢？"小达尔文打破砂锅问到底。妈妈答不上来了。她对达尔文说："孩子，世界上有好多事情对我们来说是个谜，你像小树一样快快长大吧，这些谜等待你们去解呢！"

达尔文七八岁时，在同学中的人缘很不好，因为同学们认为他经常"说谎"。比如，他捡到了一块奇形怪状的石头，就会煞有介事地对同学们说："这是一枚宝石，可能价值连城。"同学们哄堂大笑，可是他却并不在意，继续对身边的东西发表类似的另类看法。还有一次，他向同学们保证说，他能够用一种"秘密液体"，制成各式各样颜色的西洋樱草和报春花。但是，他从来就没有做过这样的试验。久而久之，老师也觉得他很爱"说谎"，把他的问题反映到了达尔文的父亲那里。父亲听了，却不认为达尔文是在撒谎，而是在幻想。

有一次，达尔文在泥地里捡到了一枚硬币，他神秘兮兮地拿给他的姐姐看，并一本正经地说："这是一枚古罗马硬币。"姐姐接过来一看，发现这分明是一枚十分普通的十八世纪的旧币，只是由于受潮生锈，显得有些古旧罢了。对于达尔文的"说谎"，姐姐很是恼火，便把这件事告诉了父亲，希望父亲好好教训他一下，让他改掉令人讨厌的"说谎"习惯。可是父亲听了以后，并没有在意，他把儿女叫过来说："这怎么能算是撒谎呢？这正说明了他有丰富的想象力。说不定有一天他会把这种想象力用到事业上去呢！"

达尔文的父亲还把花园里的一间小棚子交给达尔文和他的哥哥，让他们自由地做化学试验，以便使孩子们的智力得到更好的发展。达尔文十岁时，父亲还让他跟着老师和同学到威尔士海岸去度过三周的假期。达尔文在那里大开眼界，观察和采集了大量海生动物的标本，由此激发了他采集动植物标本的爱好和兴趣。

没有好奇心，没有想象力，就没有今天的"进化论"。而达尔文的父母最成功之处就在于特别注意爱护儿子的想象力和好奇心。

因为大部分人随着年龄的增长，知识的增多，不再像儿时那样对周围环境存有新奇。小时候我们认为周围的一切很神秘，总会有些出乎意料的事物等待我们去观察、探索、询问、操作或摆弄。然而随着时间的流逝，很多人不再对周围事物怀有探索、询问的心理倾向。

人只有对事物永远充满好奇，才能始终保持一种初学者的心态，如饥似渴地吮吸知识中的营养成分，进而取得极大的进步。

5. 请还心灵以本色

很多人喜欢到寺院礼佛敬香，为什么？因为当我们仰望佛像时，内心往往会感受到一种异乎寻常的安宁与祥和，这种安静不是无声的安静，而是内在的。仿佛静静的大山，静到极致，响彻云霄，有着某种难以表述的震慑力。

很多人常常说，要是心里总这么宁静就好了。怎样才能做到这一点呢？显然，我们不能在这里定居下来。而只要一回到都市，每天你就不得不在拥挤的公交车上把早餐解决掉，中午你一边吃着盒饭一边忙着案头工作，麦当劳与肯德基成为流行文化，快餐成为我们这个时代的文化标签。手机，24小时开机，只为等客户的一个答复；笔记本，走到哪里背到哪里，只为随时发E-mail（电子邮件），随时百度、谷歌一下……

是的，外界的魅力风景自然能够使人享受宁静。但是，为了使自己能经常保持一种宁静泰然的心境，一点精神上的寄托也是很需要的。精神上的寄托，完全是属于你私人灵魂深处的东西。它不一定有很大的意义，不一定有什么积极的目的，它只是你精神上的一片私人的园地，是你灵魂的一个小小的避风港，是你躲避世俗牵绊的堡垒，是你可以在那里找到自己，和自己心灵恳谈的一个秘密的花园。

会处理生活的人，一定懂得怎样给自己安排一片不受干扰的属于自己的小天地。在这里，你可以想你所要想的，做你所要做的，躲开一切你所要躲开的，逃避一切你所要逃避的。这片小天地就是你寄托灵魂或是你真正的自己的地方。

给自己的灵魂找一个寄托，那并不是消极的逃避，那正是一种积极的养精蓄锐。正如有位名人说的"我休息是为了工作"，我们也是一样，让灵魂去休息一下，养一养它在世间奔波所受的伤，然后再去奔波。

忙碌的生活使我们忽略了许多美好的、值得欣赏的东西，只有当你找到寄托你心灵的处所之后，你才能有余情去欣赏这世界可爱的一面，才有机会去享受真正属于你自己的人生。

享受安然的自由，守住现在，守住自己，不急于出发到下一刻，安于此刻的存在，与身旁的玫瑰和雾中的树木同住，并融入它们纯洁清香的呼吸之中，在孤寂中倾听与诉说，冥想与歌唱。

生命最根本的需求，也是亟待找回的乐土。到荒野上去、到山林中去、到河流边去、到岸石的地界和一切敞开怀抱等着我们归来的苍茫的大地上去，安宁就在那里，它迷失已久。

人生不是梦。若是梦，就怕梦醒了，人老了。人的不幸有千万种，而幸福的人只有一种：心境禅定，爱心无染。

佛经上记载一则故事说：有一天，"心"向主人提出抗议，表示你每天清晨起床，我这颗心就得为你睁开眼睛，观看浮生百态；你想穿衣，我就得为你穿衣避寒；你想漱洗沐浴，我就得为你净身……无论任何事我都毫无怨言地帮助你，而你却要四处寻找繁华的生活，累得苦不堪言。其实你要追寻的生活并不在其他的地方，而是在自己的心中！

人们总把太多的生活琐事放在心上，升职、赚钱、失败、误会等，太多人总是想这想那，担心自己担心别人。其实这些成为心理负担的东西都是你自己造成的，你给自己加大了心理压力，使心理、生理均产生了疲倦感。

所以说，不管是在什么时候，心态很重要。打造一颗"平常心"，抱定"淡看世间风光，枯荣皆有惊喜"的生活信念的人，最终都会实现人生的突围和超越。

人生天地间，本来就是自然的。成功也好，失败也好，都是自然的，既不要欢喜过度，也不要伤心过度。自处时超脱，待人时和蔼，无事时坐得住，有事时不慌乱，得意时保持一颗平常心。世间没有永恒的事物，一枯一荣都有自然规律，一悲一喜事在必然。既不要因遇到好事而得意，也不要因遇到不好的事情而失意。这也就是我们所说的"不以物喜，不以己悲"。它是一种思想境界，是古贤人修身的要求。即无论外界或自我有何种起伏喜悲，都要保持一种豁达随缘的心态。

一个皇帝想要整修京城里的一座寺庙，他派人去找技艺高超的设计师，希望能够将寺庙整修得美丽而又庄严。

后来有两组人员被找来了，其中一组是京城里很有名的工匠与画师，另外一组是几个和尚。

由于皇帝不知道到底哪一组人员的技艺更好，于是就决定给他们机会做一个比较。

皇帝要求这两组人员各自去整修一座寺庙，而且这两座寺庙面对面靠在一起。三天之后，皇帝要来验收成果。

工匠们向皇帝要了一百多种颜色的颜料，又要了很多工具；而让皇帝很奇怪的是，和尚们居然只要了一些抹布与水桶等简单的清洁用具。

三天后，皇帝来验收了。

他首先看了工匠们所装饰的寺庙，工匠们敲锣打鼓地庆祝工程的完成，他们用了非常多的颜料，以非常精巧的手艺把寺庙装饰得五颜六色。

皇帝满意地点点头，接着回过头来看看和尚们负责整修的寺庙。他看了一眼就愣住了，和尚们所整修的寺庙没有涂任何颜料，他们只是把所有的墙壁、桌椅、窗户等都擦拭得非常干净，寺庙中所有的物品都显出了它们原来的颜色，而它们光亮的表面就像镜子一般，反射出外面的色彩：那天边多变的云彩、随风摇曳的树影，甚至是对面五颜六色的寺庙，都变成了这个寺庙美丽色彩的一部分，而这座寺庙只是宁静地接受着这一切。

皇帝被这庄严的寺庙深深地感动了，当然我们也知道了最后的胜负。

我们的心就像是一座寺庙，我们不需要用各种精巧的装饰来美化我们的心灵，我们需要的只是让内在原有的美显现出来。

如果你珍爱生命，请你修养自己的心灵。人总有一天会走到生命的终点，金钱散尽，一切都如过眼云烟，只有精神长存世间，所以人生的追求应该是一种境界。

在纷纷扰扰的世界，心灵当似磐石不动，不能如流水不安。居住在闹市，在嘈杂的环境之中，不必紧闭门窗，只任它潮起潮落，风来浪涌，我自悠然如局外之人，没有什么能破坏心中的凝重。身在红尘中，而心早已出世，在白云之上，又何必"入山唯恐不深"呢？关键在于你的心。

心灵是智慧之根，要用知识去浇灌。腹有诗书气自华，不必人前卖弄。"人不知而不愠，不亦君子乎？"让知识真正成为心灵的一部分，成为内在的涵养，成为包藏宇宙、吞吐天地的大气魄。只有这样，才能运筹帷幄之中，决胜千里之外，才能指挥若定、挥洒自如。高朋满座，不会昏眩；曲终人散，不会孤独；成功，不会欣喜若狂；失败，不会心灰意懒。坦然迎接生活的鲜花美酒，洒脱面对生活的艰难险阻，还心灵以本色。

6. 这个世界没有残酷，它只是不偏袒你

遇到比自己过得舒服的人，大多数人喜欢把"凭什么"挂在嘴边，似乎错的永远是这个世界，但太多的人习惯在还没有努力的时候，就断言这个世界的不公。然而，这个世界没有残酷，它只是不偏袒你。

一位亲戚的孩子，整个高中都在玩，也考不上大学，好不容易混个三本觉得自己不适合读书，自作主张退学了。自己和人家一起做小生意，生意现在越来越大，现在在小城市有房有车有老婆孩子，生活幸福，吃喝玩乐。

于是有人觉得不公平，我认真读书，考大学考研究生，进企业每天累死累活、早起贪黑，拿的这点工资还不够买你老婆一个包的。

又或许，有的人坐在图书馆也并没有在学习，有的人哪怕在食堂都认认真真地在学习。于是你说，我和他上一样的课，为什么人家成绩好？

有的人感慨：我就是懒些，其他真的不比人家差。

有些人感慨：伯乐还没出现，还没遇到可以展现我能力的时候呢。

有的人说：我肯定是还不成熟，成熟了就好了。

有的人抱怨自己面试和老板亲戚一组，于是被刷掉；有的人抱怨自己一个月起得早还加班工资太少；有的人抱怨自己每天六点起床挤地铁；有的人抱怨房租太贵，工资太低。

当你们抱怨这个世界的不公平时，这个世界上还有连学费都交不起的学生，得了重病手术费根本十分之一都凑不到的人，还有很多每天起早贪黑工作养家的人，有多少不工作就会饿死的人，还有出生时先天畸形、父母早亡、智力缺陷的人。

这时候你为什么看不到这个世界的不公平呢？

就算你讨厌的富二代，你可能心里骂了一万句不公平，可难道别人长辈努力了几辈子，却不能为子孙带来一点优势才叫公平吗？

这个世界，虽然不是生来就给了每个人公平。但是已经有很多事情，在公平的范围内，是可以通过努力来达到的。

这个世界虽然不公，但是它创造了一个规则，那就是我尽力，依然可以比那些和我同样水平却不努力的人，过得更好。

社会没有残酷，它只是不偏袒你。告诉你这个世界不存在那些悲天悯人，以及社会是存在不平等的；他只是告诉你大多数情况下事实是什么样子。

给你一个看似轻松的例子，也许你可以从中悟出点东西。

一位年轻貌美的女孩——朵拉，在一个网上论坛金融版上发表了一个帖子，题目是"我怎样才能嫁给有钱人？"她这样写道："我说的都是实话，我今年25岁，天使面孔，魔鬼身材，十分有品位，谈吐也不错，我想嫁给一个年薪50万美元以上的男人，我想我有这个资本。其实这个要求不高，在纽约年薪100万美元才算是中产。这里有年薪超过50万美元的人吗？结婚了吗？我特别想知道如何才能嫁给你们这样的有钱人？我约会过的人中，最有钱的年薪25万美元，这似乎是我的上限。我想要住进纽约中央公园以西的高尚住宅区，这只有年薪达到50万美元的男人才能做得到。所以我有几个问题想要请教：第一，那些黄金王老五一般都在哪里消磨时光？第二，您觉得我把目标定在哪个年龄段比较有希望？第三，为什么有些相貌一般、身材一般的女人却能幸运地嫁给大富翁？这不公平。"

一位华尔街金融家看到后，这样回帖："亲爱的朵拉：我看了你的帖子，相信很多女士和你有着同样的疑问。恰好我是一个投资专家，可以从一个投资专家的角度对你的处境做一个分析。请放心，我不是在浪费大家的宝贵时间，我年薪超过50万美元，算得上您眼中的有钱人，符合您对伴侣的要求。"

这位热心的投资专家是这样解释的："从投资角度来看，选择跟您结婚是个失败的经营决策，道理很明显，简单来说吧，您的要求其实是一桩'财'和'貌'的交易：您提供迷人的外表，我出钱，确实是公平交易。但是，有一个问题很致命，随着时间的流逝，我的钱不但不会减少，反而会逐年递增，但您却不可能一年比一年漂亮，您的美貌会很快消逝。因此，从投资的角度讲，我是增值资产，您是贬值资产，而且贬值得很快！如果容貌是您仅有的资产，那十年之后我肯定亏损严重！投资中有'交易仓位'的术语，就是说一旦某种物资价值下跌就要立即抛售，而不宜长期持有，也就是你想要的婚姻。对于一件会加速贬值的物资，作为一个投资专家一个年薪超过50万美元的人应该不会很傻，应该选择暂时持有就是租赁，而不是买入，因此，我们只会跟你交往，而不会跟你结婚。所以，我奉劝您不要总是想着如何嫁给有钱人，有钱的傻瓜不太好找，您不如想办法把自己变成年薪50万美元的人，这样胜算还比较大。我的回答对您有帮助吗？顺便说一句，如果您对'租赁'感兴趣，可以联系我。"

哲人说过："如果要绝对的公平，一分钟都不能生存。"

所以说，公平是相对的，美女与投资专家所认为的公平是完全不相同的。也就是说，你认为的公平对我来说不一定是公平，只有两人都认同的才算得上公平。可是这样的概率很小，因为我们常常都是从自身利益出发。

每个人都能说出一大堆自己遇到的不公平的事，有些还能让人流下痛惜的眼泪。有人痛骂现在的社会充满欺诈，贪官污吏层出不穷。有的人利用自己占有的资源，一夜暴富，而没有任何资源的人，只能处处吃亏，辛苦劳动所得甚少……难道生活就是这样不公平吗？

你不是没有机会。而是当机会来到的时候你把握不住，还轮不到你。就如同减肥，大家都知道'管住嘴迈开腿'，但是又有几个人能做到呢？能做到的，最后都成功了。不能做到的还大有人在，并且怀疑做到的人是不是走了捷径。

这个世界并不是一个个方方正正的黑白分明的格子，怎么可能什么都一样呢。但是你不能让世界的不公侵蚀了你自己的内心，你自己能去争取的东西，不会因为别人拥有了多少而改变它的价值。

我也曾被他人生活中闪闪发光的东西迷失了自己，而我现在觉得，我没有必要去羡慕他们。因为他们有着他们想要的，我有着我自己想要的。

总有人比我成绩好，总有人过得比我光鲜，这些都和我没关系——我想要的，才是最重要的，我要努力去改变它。

我们始终都只是一个小人物，但这并不妨碍我们选择用什么样的方式活下去。可以看透了生活的无奈，但依然还是选择不敷衍，依旧热爱生活，努力便是对自己的交代。

你如果想要变成强者，就要配上强者的心。强者知道这个世界不公平，更明白自己能在规则之下做到什么程度，在没能力颠覆世界规则之前，默默为自己的目标努力。强者之所以为强，就是明知道规则，顺应了规则，最后强大到自己创造了规则。

如果你一开始就无法接受这个世界给你的规则，那么你就永远只配是个抱怨的弱者。

别矫情了，别幻灭了，别颓废了。不要问，不要等，不要犹豫，不要回头。上帝喜欢勇者，喜欢直面现实的勇士。现实的黑暗自有存在的合理性，你要承认接受，更要逆流而上，要尽可能地去改变不公平的事实，要以平常心、进取心对待生活，不公平也就消失得无影无踪。